SOLIDWORKS®全球培訓教材系列

SOLIDWORKS
Flow Simulation 培訓教材
繁體中文版
第二版

實威國際CAE事業部 編著

博碩文化

3S SOLIDWORKS

台灣繁體
授權發行

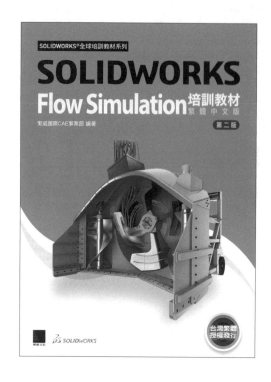

作　　者：Dassault Systèmes SOLIDWORKS Corp.
編　　著：實威國際 CAE 事業部
繁體編譯：陳誠誠、陳又瑜

董 事 長：陳來勝
總 編 輯：陳錦輝

出　　版：博碩文化股份有限公司
地　　址：221 新北市汐止區新台五路一段 112 號 10 樓 A 棟
　　　　　電話 (02) 2696-2869　傳真 (02) 2696-2867

發　　行：博碩文化股份有限公司
郵撥帳號：17484299　戶名：博碩文化股份有限公司
博碩網站：http://www.drmaster.com.tw
讀者服務信箱：dr26962869@gmail.com
訂購服務專線：(02) 2696-2869 分機 238、519
（週一至週五 09:30 ～ 12:00；13:30 ～ 17:00）

版　　次：2022 年 12 月初版

建議零售價：新台幣 620 元
I S B N：978-626-333-348-2
律師顧問：鳴權法律事務所 陳曉鳴律師

本書如有破損或裝訂錯誤，請寄回本公司更換

國家圖書館出版品預行編目資料

SOLIDWORKS Flow Simulation 培訓教材 /
Dassault Systèmes SOLIDWORKS Corp. 作 .
-- 二版 . -- 新北市：博碩文化股份有限公司，
2022.12
　　面；　公分
繁體中文版
譯自：SOLIDWORKS Flow Simulation
ISBN 978-626-333-348-2(平裝)

1.CST: SolidWorks(電腦程式) 2.CST: 電腦繪圖
312.49S678　　　　　　　　　111020655

Printed in Taiwan

博 碩 粉 絲 團

歡迎團體訂購，另有優惠，請洽服務專線
(02) 2696-2869 分機 238、519

序

　　DS SOLIDWORKS® 公司很高興為您提供這套最新的 SOLIDWORKS® 中文官方指定培訓教材。我們對台灣市場有著長期的承諾，自從 1996 年以來，我們就一直保持與北美地區同步發布 SOLIDWORKS 3D 設計軟體的每一個中文版本。

　　我們感覺到 DS SOLIDWORKS® 公司與台灣使用者之間有著一種特殊的關係，因此也有著一份特殊的責任。這種關係是基於我們共同的價值觀——創造性、創新性、卓越的技術，以及世界級的競爭能力。這些價值觀一部份是由公司的共同創始人之一——李向榮（Tommy Li）所建立的。李向榮是一位華裔工程師，他在定義並實施我們公司的關鍵性突破技術，以及在指導我們的組織開發方面起了很大的作用。

　　作為一家軟體公司，DS SOLIDWORKS® 致力於帶給使用者世界一流水平的 3D 解決方案（包括設計、分析、產品資料管理、文件出版與發布），以幫助設計師和工程師開發出更好的產品。我們很榮幸地看到台灣使用者的數量在不斷增長，大量傑出的工程師每天使用我們的軟體來開發高品質、有競爭力的產品。

　　我們最新版本的 SOLIDWORKS®，它在產品設計過程自動化及改進產品質量方面又提高了一步，該版本提供了許多新的功能和更多提高生產率的工具，可幫助工程師開發出更好的產品。

　　現在，這套中文官方指定培訓教材，展現出我們對台灣使用者長期持續的承諾。這些教材可以有效地幫助您把 SOLIDWORKS® 軟體在驅動設計創新和工程技術應用方面的強大威力全部釋放出來。我們為 SOLIDWORKS® 能夠幫助提升台灣的產品設計和開發水平感到自豪。現在您擁有了軟體工具以及配套教材，我們期待看到您用這些工具開發出創新的產品。

Manish Kumar

DS SOLIDWORKS® 公司首席執行長

本書使用說明

關於本書

本書的目的是讓讀者學習如何使用 SOLIDWORKS 和 Flow Simulation 標準版機械設計自動化軟體進行設定、執行和查看流體流動和傳熱分析的結果。

本書章節有限，無法完全涵蓋 SOLIDWORKS Flow Simulation 功能中的每種流體動力學（CFD）類型的計算。所以本書重點在於成功地分析 CFD 問題的核心基本技能和概念。本書為線上說明系統的輔助補充，無法完全替代軟體附加的線上說明系統。因此，讀者在對 SOLIDWORKS Flow Simulation 軟體的基本使用技能有了較好的理解之後，就能夠參考線上說明系統獲得其他常用指令的訊息，進而提高應用水平。

先決條件

學習本書前，應該具備如下經驗：

- 機械設計經驗。

- 已經完成了 SOLIDWORKS 基本課程

- 流體流動和熱傳遞領域知識的基本瞭解。

- 使用 Windows 操作系統的經驗。

本書編寫原則

本書是在完成任務的過程中學習的培訓教材，並不專注於介紹單項特徵和軟體指令功能。強調的是完成一項特定任務所遵循的過程和步驟。透過對每一個應用案例的學習來演示這些過程和步驟，讀者將學會為了完成一項特定設計任務所採取的方法，以及所需要的指令、選項和選單。

課程長度

建議至少花 2 天的時間來學習本課程。

關於"指令 TIPS"

除了每章的研究案例和練習外，書中還提供了可供讀者參考的"指令 TIPS"。它提供了軟體使用工具的簡單介紹和操作方法，可供讀者隨時查閱。

使用本書

本書的目的是希望讀者在有 SOLIDWORKS Flow Simulation 使用經驗的教師指導下，在培訓課中進行學習，透過教師現場演示本書所提供的案例，學生跟著練習的這種交互式的學習方法，使讀者掌握軟體的功能。所以本書設計的練習題代表了典型的設計和建模情況，讀者完全能夠在課堂上完成。

下載範例練習檔案

完整的範例檔案可透過博碩文化官方網站下載，網址是 https://www.drmaster.com.tw/Publish_Download.asp。

Windows® 操作系統

本書所用的圖片是 SOLIDWORKS 運行在 Windows 10 時製作的。頁面操作也許會有些微差距，但並不會影響軟體的性能。

使用者介面外觀

在整個軟體開發過程中有一些更改使用者介面，旨在讓使用者介面更淺顯易懂並提高用戶體驗，不會影響軟體功能。與以前版本相比若無功能上的變化，所用圖片便不會替換。因此，可能會看到目前版本和 "舊" 的使用介面對話框和配色的混合。

本書書寫格式

本書使用以下的格式設定：

設定	含義
插入→特徵	表示 SOLIDWORKS 軟體指令和選項。例如插入→特徵表示下拉選單**插入**中選擇**特徵**指令。
提示	要點提示。
技巧	軟體使用技巧。
注意	軟體使用時應注意的問題。
操作步驟	表示課程中案例設計過程的各個步驟。

色彩問題

SOLIDWORKS 和 SOLIDWORKS Flow Simulation 英文原版教材是採用彩色印刷的，而我們出版的中文版教材則採用黑白印刷，所以本書對英文原版教材的顏色訊息做了相關的調整，盡可能地方便讀者理解書中的內容。

更多 SOLIDWORKS

MySolidWorks.com 可以隨時隨地提供 SOLIDWORKS 相關的內容和服務，提高工作效率。此外，可以透過 MySolidWorks Training 根據自己所排時間表增強 SOLIDWORKS 使用技巧。網址是 My.SolidWorks.com/training。

01 新建 SOLIDWORKS Flow Simulation 專案

02　網格劃分

03　熱分析

04　外部流場暫態分析

08 旋轉參考系統

09 參數研究

10　自由液面

11　氣蝕現象

12　相對濕度

新建 SOLIDWORKS Flow Simulation 專案

 順利完成本章課程後，您將學會：

- 瞭解建立 SOLIDWORKS Flow Simulation 專案所需的模型準備
- 建立簡單 Lids
- 檢查無效接觸的幾何
- 計算內部體積
- 使用專案 Wizard 建立 SOLIDWORKS Flow Simulation 專案
- 定義流體邊界條件
- 定義目標
- 運算分析
- 使用求解器監控視窗
- 查看結果

1.1　案例分析：歧管組合件

本章將學習如何使用 Wizard 來建立一個 SOLIDWORKS Flow Simulation 專案。在設定專案之前，需要先學習如何正確準備用於分析的模型。之後運算這個模擬專案並學習如何解釋計算結果。此外，也將應用到在進行後處理結果時可用的大量選項。

1.2　專案描述

空氣以 0.05m³/s 的流量流入進氣歧管裝置的入口，並從 6 個開口中流出，如圖 1-1 所示。進氣歧管設計的共同目標是將活塞頭附近的燃料混合得更加均勻。這能確保得到最佳的發動機效率。在分析該進氣歧管時，必須特別注意這個現象。

本章的目標是介紹如何在 SOLIDWORKS 中完整地建立一個 SOLIDWORKS Flow Simulation 專案，從模型準備開始一直到後處理，定義並討論研究的目標。此外，還將討論如何使用各種 SOLIDWORKS Flow Simulation 選項來進行結果的後處理。

◉ 圖 1-1　進氣歧管裝置

該專案的關鍵步驟如下：

(1)　**準備用於分析的模型**：在準備進行內部流場分析之前，使用 **Lids** 工具來封閉模型。選擇 **Check Geometry** 指令，查看模型是否能夠用於流體模擬。

(2)　**設定流體模擬**：使用 Wizard 來設定流體模擬專案。

(3)　**定義邊界條件**：定義進口和出口的邊界條件。

(4)　**宣告計算目標**：一些特定的參數可以定義為分析目標，在完成分析後使用者可以獲取這些參數的訊息。

(5)　**運算分析**。

(6)　**後處理結果**：使用 SOLIDWORKS Flow Simulation 的各種選項來進行結果的後處理。

操作步驟

STEP 1 開啟 **SOLIDWORKS**

STEP 2 附掛 **SOLIDWORKS Flow Simulation** 附加程式

SOLIDWORKS Flow Simulation 可以透過 Command Manager 的 **SOLIDWORKS 附加程式**頁面附掛，如圖 1-2 所示。

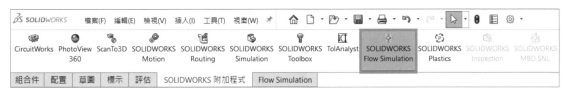

◉ 圖 1-2　附加程式位置

> **提示**　啟動軟體後，使用者也可以從 **Tools →附加**選單中啟動 SOLIDWORKS Flow Simulation。

STEP 3 開啟組合件

從 Lesson01\Case Study 資料夾中開啟檔案 "Coletor"。

1.3 模型準備

對多數的靜態分析而言，通常需要修改 SOLIDWORKS 的幾何，以適合模擬運算，這也同樣適用於 Flow Simulation。SOLIDWORKS Flow Simulation 將流體分析分類成兩種類型：內部流場分析和外部流場分析。在開始準備模型之前，使用者需要明確確定到底要執行哪種分析。

1.3.1 內部流場分析

內部流場分析考慮的是流體在外圍固體面內部的流場，例如管道、油罐、內部 HVAC（Heating, Ventilation and Air Conditioning）的流場等。內部流場被設定在 SOLIDWORKS 幾何的內部。對於內部流場而言，流體通過入口流入模型，並從出口流出模型，當然也必須排除某些自然對流問題中存在沒有開口的情況。

在運算內部流場分析之前，必須使用 Lids 將 SOLIDWORKS 模型完全封閉（無開口）。進入 **SOLIDWORKS Flow Simulation → Tools → Check Geometry**，可以檢查模型是否完全封閉。

1.3.2 外部流場分析

外部流場分析考慮的是完全覆蓋固體模型表面的流場，例如飛行器、汽車、建築物的外部流場等。流體的流動並不限於固體外部表面，但只侷限在計算域的邊界內，並且不需要使用 Lids，需要用到流體來源（例如風扇）的情況除外。

如果同時需要用到內部流場和外部流場，例如，當流體流經並流入一個建築物時，SOLIDWORKS Flow Simulation 將視其為外部流場分析。

1.3.3 歧管分析

既然已經認識到內部流場和外部流場的區別，現在便能夠輕鬆地將歧管分析歸為內部流場。只研究歧管組合件內部的流場，而不關注任何圍繞該實體的外部流動。前面提到，在運算一個內部流場分析之前，必須使用 Lids 將模型封閉起來。

1.3.4 Lids

Lids 用於內部流場分析中。在這類分析中，模型的所有開口都必須使用 SOLIDWORKS 的"Lids"特徵進行覆蓋。Lids 的表面（與流體接觸的一側）常用於設定邊界條件，例如質量流率、體積流率、靜 / 總壓，以及在一定流體體積內的風扇條件。

> **提示**　外部流場分析不需要使用 Lids，外部流場主要關注流經物體的流場，例如汽車、飛機、建築物等。此外，自然對流問題也不需要使用 Lids。

指令TIPS　**Create Lids**　　　　　　　　　　　　　　　　　🔍

使用 **Create Lids**，可以自動在模型所選平面上的全部開口處建立 Lids。該工具對零件和組合件都有效。在內部流場分析中（例如，流過球閥或管道），建立 Lids 是必要的。

操作方法

- 從主選單中，選擇 **Tools → Flow Simulation → Tools → Create Lids**。
- 在 Flow Simulation 的主工具列中，點選 **Create Lids** 按鈕 。
- 在 Flow Simulation Command Manager 中，點選 Create Lids 按鈕 。

STEP **4** 在入口表面建立 Lids

從主選單中，選擇 **Tools → Flow Simulation → Tools → Create Lids**。

選擇圍繞入口處的平面，用於定義 Lids 來封閉該開口。在 **Create Lids** 的 PropertyManager 中，選擇 **Adjust Thickness** 並輸入 **1mm**，如圖 1-3 所示。點選 **OK**。

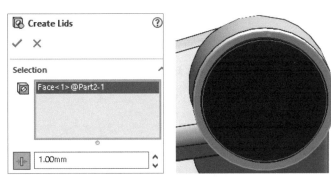

◉ 圖 1-3 Create Lids

可以發現在 FeatureManager 樹狀圖中，新建了一個名為 Lid1 的零件。這個新建的零件其實就是從所選平面以給定深度朝著開口內部伸長一段距離，這段距離可以在 **Thickness** 中設定。

> 提示　在使用 **Create Lids** 工具時可以同時選擇多個平面。如果使用者處理的是一個組合件，則會建立出名為 Lid1、Lid2……的新零件。如果使用者處理的是單個零件，則會建立出名為 Lid1、Lid2……的特徵。

◀技巧
　當使用者處理的是一個組合件，最好將建立的 Lid 零件重新命名。這可以避免在同一時間開啟多個帶有 Lid 的組合件時出現問題。

1.3.5　Lid 厚度

如果必要，可以點選 **Adjust Thickness** 來更改 Lid 厚度，並在 **Thickness** 中輸入數值（前面的步驟中已有闡述）。

對於內部流場分析而言，外部 Lid 的厚度通常不太重要。然而，Lid 也不能太厚，以免在一定程度上影響到後端的流動情形。如果分析中同時包含外部流場和內部流場，建立一個太薄的 Lid 將會導致網格數量非常大。通常情況下，Lid 的厚度可以採用建立與鄰近壁面相同的厚度。

1.3.6　手動建立 Lid

如果沒有平面做為參考，就無法使用 **Create Lids** 工具。在這種情況下，使用者必須手動建立 Lid 零件或 Lid 特徵，並自行組裝將開口封閉。

1.3.7　對零件新增 Lid

- 使用者可在要新增 Lid 的面，新建一幅草圖。

- 草圖完成後，選擇**特徵→伸長填料 / 基材**，選擇要伸長的草圖。

- 方向選擇**兩側對稱**選項。

> **提示**　選擇**兩側對稱**選項是十分重要的。如果選擇**給定深度**選項，則會在 Lid 和實體之間建立無效的接觸（脫節的實體）。當存在無效接觸時，SOLIDWORKS Flow Simulation 就無法設定邊界條件，如圖 1-4 所示。

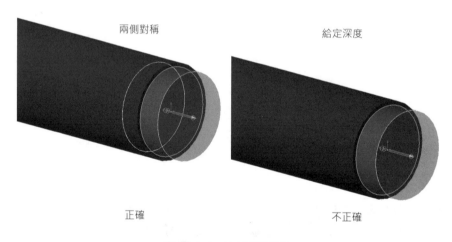

＊圖 1-4　Lid 建立方法

1.3.8　對組合件新增 Lid

有幾種方法可以在 SOLIDWORKS 組合件中建立 Lid，下面的步驟列出了其中推薦的方式：

(1) 在 SOLIDWORKS 組合件模式下，點選 **Insert** 零組件→新零件。

(2) 選擇使用者想要新增 Lid 的鄰近表面。

(3) 選項內部邊界，然後點選**草圖**，繪製 Lid 形狀。

(4) 點選 **Insert → 填料 / 基材 → 伸長**，然後選擇**兩側對稱**選項。

(5) 點選 **OK**，結束零件編輯模式。組合件將新增一個零件。

> **提示** 在組合件中，通常建議將 Lid 建立為一個零件，特別是在分析中包含傳熱的情況。這些 Lid 隨後可以指定不同的材料，如絕緣體，這樣 Lid 就不會影響熱傳遞分析。

STEP 5 在出口建立 Lid

採用上面介紹的手動建立 Lid 的方法，在剩下的出口平面處建立 Lid，使用**兩側對稱**伸長 2mm，如圖 1-5 所示。

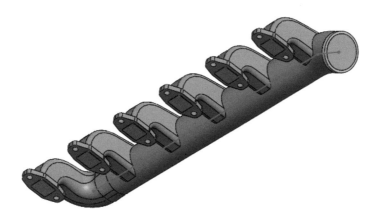

◉ 圖 1-5　在各出口建立 Lid

> **提示** 也可以採用 Create Lids 工具建立剩下的 Lid，但這種方法將封閉所選面上的所有開口，也就是說這會導致封閉螺栓孔，這顯然是沒有必要的。

在分析之前建立 Lid 時，請記住它的兩個目的：封閉所有開口，作為定義邊界條件（例如：靜壓，質量流率等）的實體。在這個模型中，可以使用一個零件來封閉所有六個開口，如圖 1-6 所示。如果使用者想要對每個開口應用不同的邊界條件，這樣的 Lid 就顯得不合適了。而且，不合理之處還在於為了評價設計的好壞，需要得到流過每個開口的數據（注意，設計完美的歧管要求混合燃燒能夠均勻分布）。如果採用這樣的 Lid，想要得到每個出口處的數據就相當困難了。

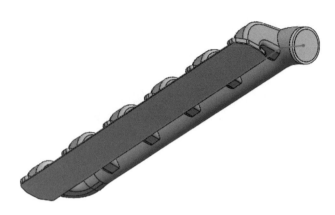

◆ 圖 1-6　用一個零件來封閉開口

1.3.9　檢查模型

必須檢查 SOLIDWORKS 的模型，以查看是否存在幾何的問題，進而排除對實體和流體區域劃分網格的問題。

阻止對實體和流體區域劃分網格的原因主要有如下兩個：

(1)　幾何上的開口會阻止 SOLIDWORKS 定義一個完全封閉的內部體積，這只適用於內部流場分析。

(2)　在組合件的零件之間存在無效接觸（零件之間的線接觸或點接觸被定義為無效接觸）。將在後面的章節討論該問題。

> **提示**　無效接觸同時適用於內部流場和外部流場分析。

指令TIPS　**Check Geometry**（檢查模型）

SOLIDWORKS Flow Simulation 有一個名為 **Check Geometry** 的工具，允許使用者檢查 SOLIDWORKS 的幾何。該工具還可以讓使用者檢查可能出現的幾何問題（例如：相切接觸），這些問題可能導致 SOLIDWORKS Flow Simulation 建立不正確的網格。

使用者可以在 **State** 欄中取消對部分組合件零件的模型檢查。

Create solid body assembly 和 **Create fluid body assembly** 選項可以用來建立固體和流體區域的零件檔。這些零件檔可以用來驗證軟體是否已正確建立實體和流體區域。

如果存在流體體積，則可以透過 **Show Fluid Volume** 指令圖形化地顯示出來。

Check 指令會對整個組合件模型進行檢查。

操作方法

- 從 Flow Simulation 選單中，選擇 **Tools → Check Geometry**。
- 在 Flow Simulation 的主工具列中，點選 **Check Geometry** 按鈕 。
- 在 Flow Simulation Command Manager 中，點選 **Check Geometry** 按鈕

STEP 6 查看無效的流體幾何

選擇 **Check Geometry** 工具。保持所有組合件零件處於被選中的狀態。

在 **Analysis Type** 中，選擇 **Internal**。

點選 **Check**。

在圖形區域下方的文字區域將顯示如圖 1-7 所示的訊息。

非零值的流體體積和固體體積表明內部的體積是密閉的，適合進行流場模擬。

關閉帶有結果的文字區域以及 **Check Geometry** 屬性管理器。

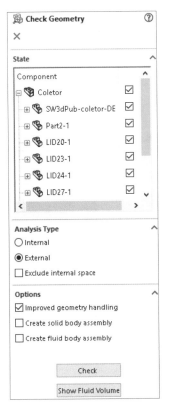

◉ 圖 1-7　檢查結果

> 提示　**Check Geometry** 指令可以檢查可能存在的無效接觸，例如：相切、零厚度等。如檢測到存在問題，則會在文字區域顯示無效接觸。

> ◖技巧
> 當幾何確認可以真正用於分析時，最好養成將所有零件設為固定的習慣，這可以確保在定義邊界條件或其他操作時，零件不會移動。

1.3.10　內部流體體積

SOLIDWORKS Flow Simulation 還可以計算加總的固體體積和總的流體體積。對內部流場分析而言，內部流場體積必須大於 0。如果在沒有無效接觸的情況下內部流體體積仍然為零，則可能是存在小的間隙，或者是在連接內外區域的地方有開口，當檢測到小間隙或開口並加以修正之後，還需要重新運行 **Check Geometry** 工具，以確保內部流體體積大於 0。

1.3.11　無效接觸

如果存在無效接觸，SOLIDWORKS Flow Simulation 就無法計算內部流體體積（在計算域之內），即使模型是完全封閉並且沒有開口或間隙，**Check Geometry** 工具也會顯示內部流體體積為零。在進行流體分析之前，必須修正無效接觸。

修正無效接觸可以採用下面兩種方法：將兩個零件分開一個非常小的距離，使之不再接觸在一起，或在兩個零件之間建立干涉配合。

圖 1-8 顯示了一些常見的無效接觸類型。

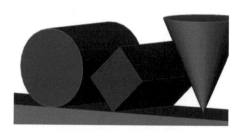

◉ 圖 1-8　常見的無效接觸類型

在本例子中，如果採用**給定深度**的伸長，將會產生無效的線接觸，如圖 1-9 所示。

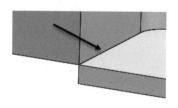

◉ 圖 1-9　無效的線接觸

如果檢測到無效接觸，使用者可以點選無效接觸的
列表，以顯示其位置，如圖 1-10 所示。

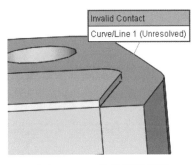

◉ 圖 1-10　無效接觸位置

> **提示** 　並非所有相切接觸都會導致無效接觸。SOLIDWORKS Flow Simulation 使用
> SOLIDWORKS API 布林運算來計算流體和固體體積。如果 SOLIDWORKS 可
> 以正確得到運算的結果，則 SOLIDWORKS Flow Simulation 就認為該體積可以
> 有效地用於分析，即使像 "線性接觸" 這樣的潛在有問題的接觸。

對於有些模型，即使存在無效接觸，使用者也可以設定邊界條件並求解分析。在這些
情況下，使用者有可能在嘗試定義 **Cut Plot** 時得到 "無法完成" 的錯誤提示。這時，使用
者得修正無效的接觸並重新運算分析，以得到正確的 Cut Plot 結果。

◎ **注意**　對內部流場分析而言，只有當所有開口都封閉後，才能新增邊界條件。

STEP **7**　修改 Lid 位置

為了說明 Lid 的位置不理想，現在需要更改最後一
個 Lid 的位置。編輯最後一個 Lid，使它的內部邊線和出
口的邊線形成一個線接觸，如圖 1-11 所示。

線接觸

◉ 圖 1-11　修改 Lid 位置

STEP **8**　檢查模型

按照 STEP 6 的方法檢查模型，以查找無效接觸，確定 Analysis Type 中選擇 Internal。

結果視窗中顯示有 16 個未求解的接觸，而這些無效接觸則必須利用各種繪圖方法先修復。

由於無效接觸都被修復了，**Check Geometry** 工具又能夠計算出流體和固體體積這兩個結果，如圖 1-12 所示。

關閉帶有結果的文字區域和 **Check Geometry** 的屬性管理器。

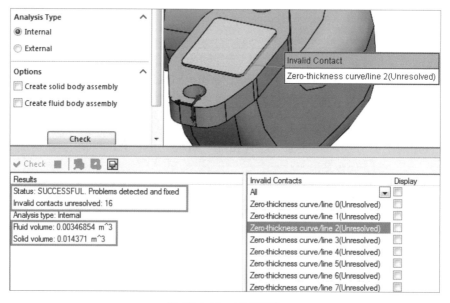

◉ 圖 1-12　檢查模型

提示　這種情況下，軟體可以修復大部分無接觸並計算出流體體積和固體體積。點選任意一個無效接觸，可以在圖形區域查看。

STEP 9　再次更改 Lid 位置

按照 STEP 7 的方法，更改 Lid 的位置，在 Lid 和出口之間形成一個間隔（間隙），如圖 1-13 所示。

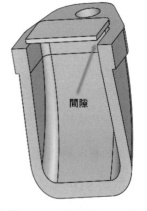

◉ 圖 1-13　再次更改 Lid 位置

STEP 10 再次檢查模型

按照 STEP 8 的方法檢查模型，以查找無效接
觸。

結果文字框中顯示模型檢查失敗。固體體積
和流體體積都顯示為零，這表明它們都不能被計
算得出，如圖 1-14 所示。

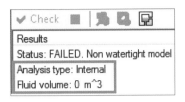

◉ 圖 1-14　再次檢查模型

指令TIPS　　**Leak tracker**

幾何的洩漏有時很難發現，Leak tracker 工具可以輕鬆地找到。

操作方法

* 選單：**Tools → Flow Simulation → Tools → Leak tracking**。
* Flow Simulation 主工具列：**Leak tracking** ⊡。

STEP 11 **Leak tracker**

點選 **Tools → Flow Simulation → Tools →
Leak tracking** ⊡，選擇歧管內側的一個面，
以及外側的一個面，如圖 1-15 所示。點選 **Find
Connection**。

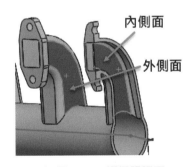

◉ 圖 1-15　選擇跟蹤面

從內側面到外側面的路徑將顯示在模型上，
如圖 1-16 所示。

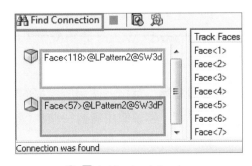

◉ 圖 1-16　Leak tracker

將 Lid 恢復到正確的位置，即 Lid 和出口形成面面接
觸的位置，如圖 1-17 所示。

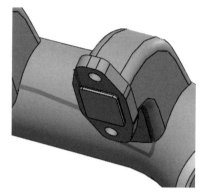

◎ 圖 1-17　最後一次更改 Lid 位置

STEP 12 關閉 **Leak tracker**

STEP 13 更改 **Lid** 位置

將 Lid 恢復到正確位置，即 Lid 和出口面形成面對面
接觸，如圖 1-18 所示。

> 提示　使用者可以最後一次運行 **Check Geometry**
> 指令，以驗證幾何是密閉模型。

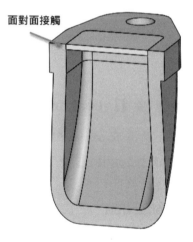

面對面接觸

◎ 圖 1-18　Lid 正確位置

1.3.12　專案 Wizard

即使是最有經驗的 SOLIDWORKS Flow Simulation 使用者，也經常使用流體模擬的引
導精靈 **Wizard**。Wizard 能夠帶領使用者一步一步完成流體分析基本項的設定。對更複雜
的分析而言，可能需要更多的指令來完成定義。Wizard 包含下列專案建立要素：

- **專案名稱**：選擇一個用於模擬的設定。使用者可以新建一個設定，或使用當前定義好
  的設定。建議使用者對每個流體模擬專案都新建一個設定，這會確保使用者的檔案和
  結果是有序的。

- **單位系統**：定義一個在模擬中使用的單位系統。使用者可以在 Wizard 結束後再進行更改，可以透過選擇 **Flow Simulation** 選單下的 **Unit** 操作。此外，還可以分別採用不同主流單位系統的單位來定義使用者自己的單位系統。

- **分析類型**：分析可以分為內部流場和外部流場，其他的分析特徵也可以在此定義（例如：參考軸）。

- **預設流體**：定義用於分析的預設流體以及將會經歷的流動類型（例如：層流、湍流、層流加湍流）。

- **壁面條件（Wall Condition）**：對 SOLIDWORKS 幾何上的壁面流場定義邊界條件。

- **初始條件**：對模型的固體和流體定義初始和環境條件。

- **結果和網格模型精度**：定義基於模型幾何特徵（薄壁的厚度和間隙）的網格密度和結果的總體精度。

指令TIPS | **Wizard**

- 在 Flow Simulation 選單中，選項 **Project** → **Wizard**。
- 在 Flow Simulation 的主工具列中，點選 **Wizard** 按鈕 。
- 在 Flow Simulation Command Manager 中，點選 **Wizard** 按鈕 。

STEP 14 使用 Wizard 建立專案

從 Flow Simulation 選單中，選擇 **Project** → **Wizard**。

STEP 15 新建專案

在 **Configuration** 中選擇 **Use Current**（預設設定），新建一個設定。

> **提示** 使用者也可以選擇 **Create New** 來建立一個新的模型組態，或選擇任何已有 SOLIDWORKS 模型組態來關聯專案。

在 Project name 一欄中，輸入 Project 1，如圖 1-19 所示。

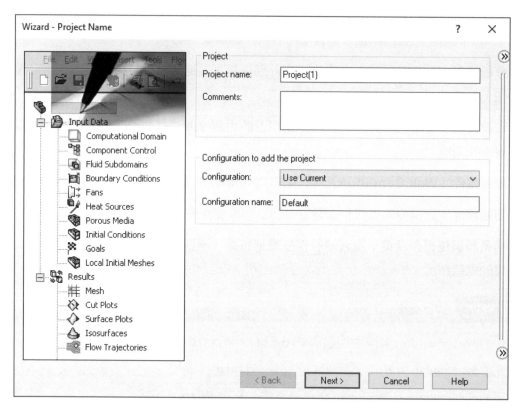

◉ 圖 1-19　新建專案

　　SOLIDWORKS Flow Simulation 將新建一個專案，並將所有數據存放在一個單獨的資料夾下，該資料夾按照數字排序，例如：1，2，3，……，這個數字取決於定義了多少專案。該資料夾位於此組合件的同一目錄中。點選 **Next**。

STEP 16 選擇單位系統

　　這個專案選擇 **Unit System → SI(m-kg-s)**，如圖 1-20 所示。

　　使用者可以進入 **Tools → Flow Simulation** 選單下的 **Unit** 隨時更改單位系統。點選 **Next**。

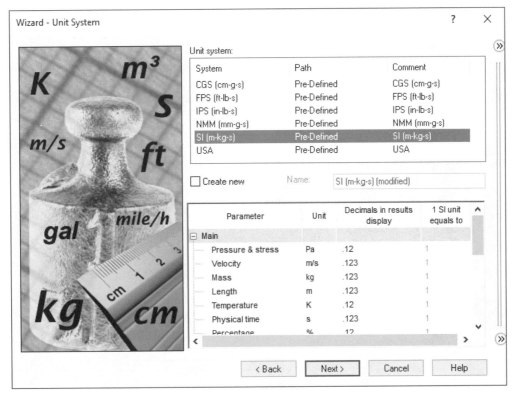

◉ 圖 1-20　選擇單位系統

提示 使用者也可以建立自己的單位系統（混合使用現有單位系統的數據）。使用者可以勾選 **Create New** 核選框，並為這個新的單位系統輸入一個自定義的名稱。

STEP 17 選擇分析類型

　在 **Analysis type** 中選擇 **Internal**。在 **Consider closed cavities** 下不要勾選 **Exclude cavities without flow conditions** 核選框，如圖 1-21 所示。

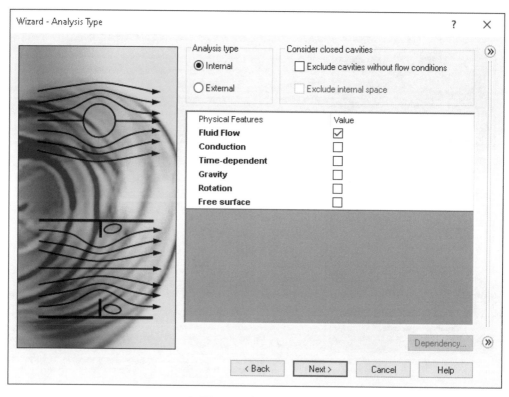

◉ 圖 1-21　選擇分析類型

本分析不需要定義 **Reference axis**，保留其他所有預設設定不變，點選 **Next**。

1.3.13　參考軸

Reference axis 是在 **Wizard** 中定義的。它常用於定義特定量（例如輻射或旋轉）的 **Dependency**。

1.3.14　排除不具備流場條件的腔體

在本分析中，**Exclude cavities without flow conditions** 選擇並不重要，因為在模型中只存在一個內部空間。如果模型中存在多個不相連的內部空間，則勾選此核選框可以避免 SOLIDWORKS Flow Simulation 在沒有邊界條件的內部空間進行不必要的網格劃分和求解。

STEP **18** 選擇流體類型（氣體或液體）

在 **Wizard-Default Fluid** 對話框中展開 **Gases** 目錄，選擇 **Air(Gases)**。點選 **Add**，將移動 **Air(Gases)** 至下方的 **Project Fluids** 列表中，如圖 1-22 所示。保持其他所有預設設定不變，點選 **Next**。

◉ 圖 1-22　選擇流體類型

STEP **19** 設定壁面條件

在 **Parameter** 列表中，**Default wall thermal condition** 設定為 **Adiabatic wall**，**Roughness** 設定為 0，如圖 1-23 所示。點選 **Next**。

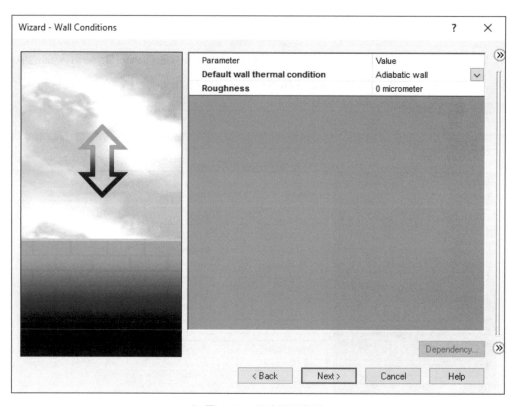

◉ 圖 1-23　設定壁面條件

1.3.15　絕熱壁面

因為本專案不包含任何類型的傳熱，因此建議使用預設的 Adiabatic wall。Adiabatic wall 假定壁面是完全隔熱的。實際上，壁面通常會傳熱。但本專案只考慮進氣歧管在正常大氣壓力與常溫下空氣進出歧管的流動分析，所以假設歧管的壁面是完全絕熱的。

1.3.16　粗糙度

該數值可以用來計算邊界層的速度剖面。如果使用預設的數值 0（如果不知道粗糙度（Roughness）時通常推薦採用），則求解器會假定壁面是光滑的。請參照 Flow Simulation 的幫助檔案，學習如何確定適當的粗糙度參數。

STEP **20** 設定初始條件

如圖 1-24 所示，接受預設的標準環境參數作為本分析的初始條件，點選 **Finish**。

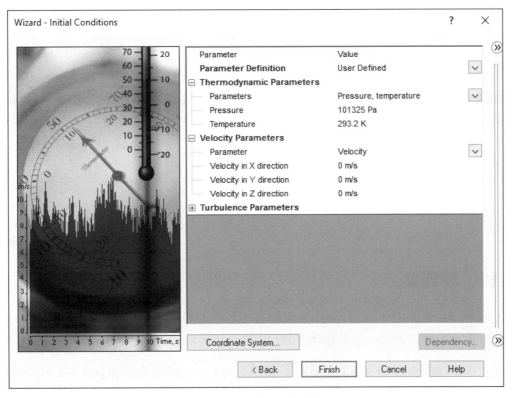

● 圖 1-24　設定初始條件

> **提示** 初始條件設定的越接近分析獲得的最終數值，則分析會完成得更加快速。如果不具備預測最終數值的能力，則不要更改這些值，本章均不更改這些值。

STEP 21 在 SOLIDWORKS Flow Simulation 分析樹中查看 Input data

SOLIDWORKS Flow Simulation 將新建一個與 Default 設定相關的專案，同時也會建立 SOLIDWORKS Flow Simulation 分析樹。

在 SOLIDWORKS FeatureManager 中點選 **Flow Simulation** 。

如果使用者需要在專案中更改輸入的參數，可以在 SOLIDWORKS Flow Simulation 分析樹中按滑鼠右鍵點選 **Input data**，選擇指定的選項以更改輸入參數，如圖 1-25 所示。

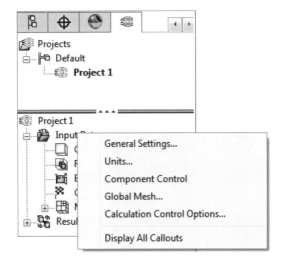

● 圖 1-25　查看 Input data

展開 SOLIDWORKS Flow Simulation 分析樹下 **Input data** 選項。在這個分析中可以看到，SOLIDWORKS Flow Simulation 分析樹還用於定義其他的分析設定。

計算域以包圍模型的線框表示，並用於顯示被分析的體積，如圖 1-26 所示。

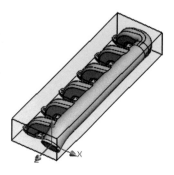

⊙ 圖 1-26　計算域

1.3.17　計算域

計算域（Computational Domain）定義為相對於流體流場域座標系的固定體積。雖然流體從計算域中流進流出，但計算域自身在空間中仍保持固定。

SOLIDWORKS Flow Simulation 分析模型的幾何並自動建立一個計算域，該計算域的形狀為包圍模型的一個長方體。計算域的邊界平面與模型的整體座標系的軸是正交的。在外部流場分析中，計算域的邊界平面自動遠離模型一定的距離，以獲取包圍模型的流體空間。然而，在內部流場分析中，計算域的邊界平面只會自動包覆模型的壁面。

指令TIPS　Boundary Conditions（邊界條件）

邊界條件用於描述流體從哪裡進入或離開系統（計算域），並且可以設定為壓力、質量流率、體積流率或速度。邊界條件還可以指定壁面參數為理想，固定或旋轉。

邊界條件可以透過多種方式輸入，讓使用者可以描述複雜的模擬場景。

- **常數**：邊界條件輸入一常數值，如圖 1-27 所示。

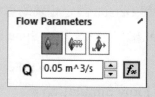

⊙ 圖 1-27　邊界條件恆定值

- **公式**：公式定義可使用數學和邏輯。也可與時間相依（僅用於暫態模擬），監控分析目標輸出（如出口體積流量），定義分析參數和空間座標。大部分的標準和進階數學函數都可以使用，邏輯函數支持 IF 以及布林運算符 AND，OR、XOR 和 NOT。如圖 1-28 所示。

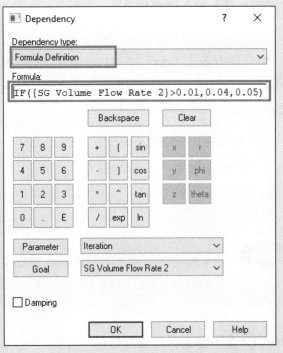

⊙ 圖 1-28　公式定義使用數學和邏輯

- **表格**：健全的表格項允許您指定與時間相依的邊界條件（僅暫態模擬），在監控分析輸出（如體積流量），也可用表格列表定義依據所監控的輸出項來變動使用的邊界條件值。如圖 1-29 所示。

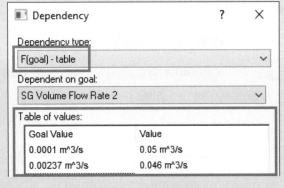

⊙ 圖 1-29　使用表格

操作方法

- 從 **Flow Simulation** 選單中，選擇 **Insert→ Boundary Conditions**。
- 在 Flow Simulation Command Manager 中，點選 **Boundary Conditions** 按鈕 。
- 在 Flow Simulation 分析樹中，按滑鼠右鍵點選邊界條件，並選擇 **Insert Boundary Condition** 。

STEP 22 加入邊界條件

在 SOLIDWORKS Flow Simulation 分 析樹中,在 **Input data** 下方按滑鼠右鍵點選 Boundary Conditions 並選擇 **Insert Boundary Condition**。

選擇 SOLIDWORKS 特徵的內側表面作為入口,如圖 1-30 所示。

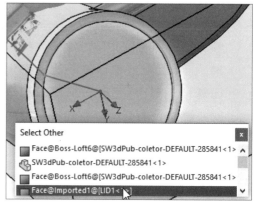

圖 1-30 選擇入口的內側表面

> **提示**　為了獲取內側表面,按滑鼠右鍵點選 Lid 的外側表面並選擇**選擇其他**。在**選擇其他**視窗,透過移動滑鼠指針逐一反白顯示實體幾何模型的每個面。

STEP 23 設定入口邊界條件

在 **Boundary Conditions** 的 **Type** 選項組中點選 **Flow openings** 按鈕 。

仍在 **Type** 下選擇 **Inlet Volume Flow**。

在 **Flow Parameters** 選項組中,點選 **Normal to Face** 並輸入 $0.05 \text{m}^3/\text{s}$,如圖 1-31 所示。

點選 **OK**。

在 SOLIDWORKS Flow Simulation 分析樹的邊界條件下,將顯示 Inlet Volume Flow 1。在所選面的法向,SOLIDWORKS Flow Simulation 將在入口新增 $0.05 \text{m}^3/\text{s}$ 的空氣流通量。

> **提示**　因為需要計算每個出口的體積流率,因此應該使用壓力條件作為出口處的邊界條件。如果不清楚每個出口的壓力,則可以對每個出口面採用環境壓力條件並用於這個分析。

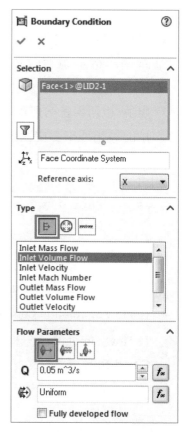

圖 1-31 設定入口邊界條件

STEP 24 插入出口邊界條件

在 SOLIDWORKS Flow Simulation 分析樹中，在 **Input data** 下方按滑鼠右鍵點選邊界條件並選擇 **Insert Boundary Condition**。選擇其中一個出口的內側表面，如圖 1-32 所示。

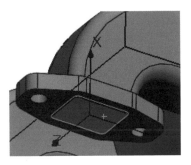

◉ 圖 1-32　選擇出口的內側表面

STEP 25 設定出口邊界條件

在 **Boundary Conditions** 的 **Type** 選項組中點選 **Pressure openings** ⊙。

仍在 **Type** 選項組中選擇 **Static Pressure**，如圖 1-33 所示。

點選 **OK**，接受預設的外界數值。SOLIDWORKS Flow Simulation 分析樹中將顯示一個新的 **Static Pressure 1**。

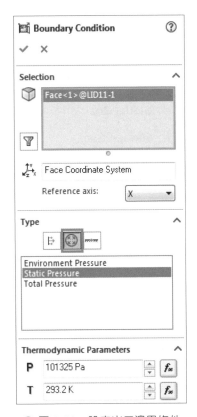

◉ 圖 1-33　設定出口邊界條件

STEP 26 建立其他的出口邊界條件

對每個出口 Lid 的內側表面，均指定一個靜壓邊界條件。對其餘的 5 個出口建立 5 個靜壓邊界條件。

指令TIPS | **Goals（目標）** 🔍

SOLIDWORKS Flow Simulation 包含一套內定的標準終止求解程序。然而，最好還是採用 SOLIDWORKS Flow Simulation 中的自訂定義目標。使用者可以將目標定義為專案中關注區域的物理參數，從工程的角度來看，它們的收斂可以認為是獲得了一個穩態的結果。

目標是使用者指定的感興趣的參數，在求解的過程中可以顯示這些參數，並在達到收斂時得到相關資訊。可以在貫穿整個區域 **Global Goal**，指定區域 **Surface Goal**、**Point Goal**，或指定體積 **Volume Goal** 中設定目標。而且，SOLIDWORKS Flow Simulation 可以在驗證目標時考慮使用平均、最小或最大值。

此外，使用者還可以定義 **Equation Goal**，也就是採用現有目標作為變量建立的一個表達式（基本的數學函數）來定義的目標。這可以讓使用者計算一個感興趣的參數（例如壓差），並在此專案中保留該訊息以供今後參考。

在 SOLIDWORKS Flow Simulation 可以定義 5 種不同類型的目標：

- Global Goal
- Surface Goal
- Equation Goal

- Point Goal
- Volume Goal

操作方法

- 在 **Flow Simulation** 分析樹中，按滑鼠右鍵點選 **Goals**，並選擇 **Insert Goals**。
- Command Manager：點選 **Flow Simulation** → **Goals** 按鈕 🎯。
- 從 Flow Simulation 選單中，選擇 **Insert**。

STEP 27 插入表面目標

在 SOLIDWORKS Flow Simulation 分析樹中，按滑鼠右鍵點選目標，然後選擇 **Insert Surface Goal**。

為了選中 Surface Goal 需要的內側表面，請將特徵窗劃分為兩個部分，在上半部分的 SOLIDWORKS Flow Simulation 分析樹中點選邊界條件 Inlet VolumeFlow1，將之前定義的設定面應用到 Surface Goal 中。

在 **Parameter** 選項組中,找到 Volume Flow Rate 並勾選旁邊的核選框,如圖 1-34 所示。

點選 **OK**。

在 SOLIDWORKS Flow Simulation 分析樹的目標下方,會出現一個新的 SG Volume Flow Rate 1 專案。

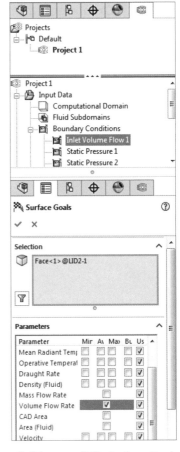

◉ 圖 1-34　插入 Surface Goal

STEP 28 重新命名 Surface Goal

在 SOLIDWORKS Flow Simulation 分析樹中,將 SG Volume Flow Rate 1 專案重新命名為 Inlet SG Volume Flow Rate。

STEP 29 插入 Surface Goal

重複前面的步驟,在出口指定 Surface Goal,以計算其體積流率。

在選擇靜壓邊界條件時,請按住 <Ctrl> 鍵並選擇所有出口邊界條件。

勾選 **Create goal for each surface** 核選框，
將在 6 個出口處建立 6 個 Surface Goal，如圖 1-35
所示。

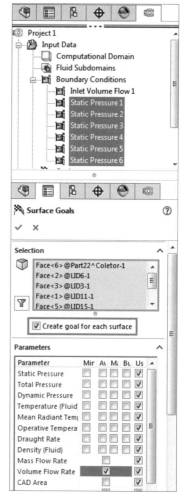

◉ 圖 1-35　建立 6 個 Surface Goal

對每個 Surface Goal 重新命名，以對應其出口
位置，如圖 1-36 所示。

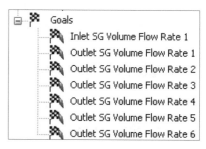

◉ 圖 1-36　插入並重新命名 Surface Goal

STEP> 30 插入 **Equation Goal**

本章中,我們將使用 **Equation Goal** 來計算出口總的體積流率。**Equation Goal** 可以用來測定離開歧管總和的 **Volume Flow Rate**。

在 Flow Simulation 分析樹中,按滑鼠右鍵點選目標,然後選擇 **Insert Equation Goal**。

從 Flow Simulation 分析樹中選擇面目標 Outlet SG Volume Flow Rate1,並將其新增到 **Expression** 框中。在 **Equation Goal** 視窗中點選 "+"。重複上面的方法,新增剩下的 5 個出口流量,完成方程式的定義。

在 **Dimensionality** 列表中,選擇 **Volume Flow Rate**,如圖 1-37 所示。點選 **OK**。

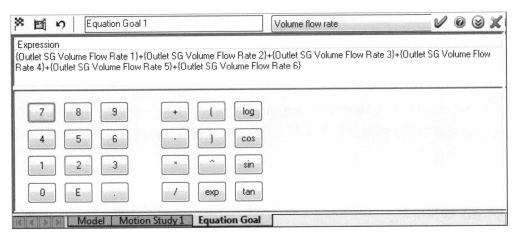

◉ 圖 1-37　插入 Equation Goal

STEP> 31 重新命名 **Equation Goal**

將 Equation Goal 重新命名為 Sum of outlet flow rates。當求解達到收斂時,出口體積流率的總和應該近似等於入口的體積邊界條件。

1.3.18　Mesh

網格的數量與品質影響著求解結果的精準度,一般來說越高品質的網格可以得到越精準的結果,品質好的網格通常需要花上較多的計算時間與工作站的記憶體。

因此必須在求解時間與網格品質中取得一個平衡才會是最佳的網格,而不是一昧的增加網格。

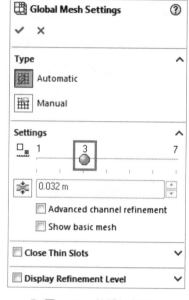

STEP 32 設定初始整體網格參數

在 SOLIDWORKS Flow Simulation 分析樹的 **Input data** 選項下方，展開 **Mesh** 資料夾，按滑鼠右鍵點選 **Global Mesh** 並選擇 **Edit Definition**。

在 **Type** 中保持預設的 **Automatic**。

在 **Settings** 中保持預設的 **Level of initial mesh** 為 3，如圖 1-38 所示。

點選 **OK**。

⊙ 圖 1-38　整體網格設定

提示　有些情況下，在 **Minimum gap size** 中輸入數值是十分重要的，這可以確保在劃分網格時不會漏掉細小特徵。因為本模型擁有相同的直徑，不需要考慮最小縫隙尺寸。

STEP 33 儲存檔案

點選**檔案→儲存檔案**，儲存該組合件。

指令TIPS　**Run（執行計算）**　🔍

Run 指令是用來求解模擬專案的。

操作方法

- 從 **Flow Simulation** 選單中，選擇 **Solve → Run**。
- 在 Flow Simulation Command Manager 中，點選 **Run** 按鈕 ▷。
- 在 Flow Simulation 分析樹中，按滑鼠右鍵點選專案資料夾 Project 1 並選擇 **Run**。

1.3.19 載入結果選項

SOLIDWORKS Flow Simulation 建立的求解結果檔很可能非常龐大，如果要進行結果的後處理，必須先進行載入操作。當求解器完成計算後，這一選項會自動載入 SOLIDWORKS Flow Simulation 的結果。

 提示

> 如果得到的結果包含多個設定或解決方案，則每次只能載入其中的一個結果。在載入一個新的結果之前，必須先卸載當前的結果。

1.3.20 監控求解器

在求解器啟動之後，將彈出一個求解監控視窗。在 **Solver** 視窗右側，顯示求解過程中每一步的事件記錄。左側訊息對話框中顯示的是網格訊息及任何與分析相關的警告，如圖 1-39 所示。

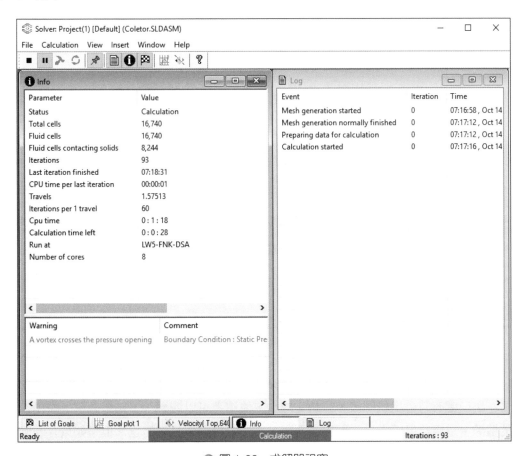

◉ 圖 1-39　求解器視窗

1.3.21　目標圖視窗

在 **Add/Remove Goals** 視窗選擇目標，則這些所選目標都會列於 **Goals Plot** 視窗中。在此視窗中，使用者可以觀察到每個目標的當前數值和圖表，而且還可以看到當前收斂的百分比進度。該進度的數值只是一個估計值，一般情況下，隨著時間的增加，進行的速度也會加快，如圖 1-40 所示。

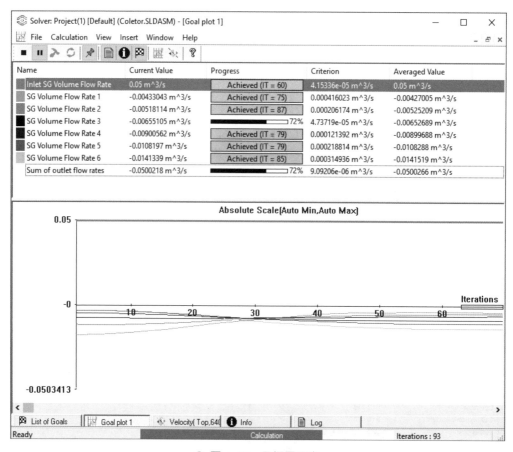

◆ 圖 1-40　目標圖視窗

1.3.22　警告訊息

警告訊息也會同時顯示在 **Solver** 視窗的 **Info** 部分。在這個分析中，使用者可能會看到這樣一條訊息 **"A vortex crosses the pressure opening"**。這條訊息表明在穿過出口處存在壓差，意味著在出口處有時會出現回流。分析完成後，使用者可以觀察一下結果圖解，看是否存在回流的情形。這條訊息僅僅是一個警告而已，這個分析中暫且忽略它。但是如果存在回流的流體，使用者應當延長出口，直到流線都朝著離開出口的方向。

STEP **34** 求解 SOLIDWORKS Flow Simulation 專案

在 SOLIDWORKS Flow Simulation 分析樹中，按滑鼠右鍵點選 Project 1 並選擇 **Run**，如圖 1-41 所示。

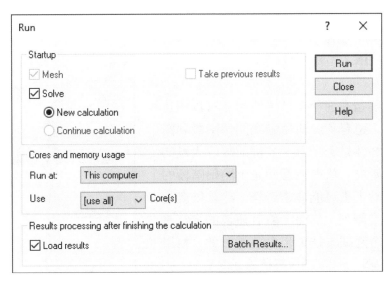

◉ 圖 1-41　執行視窗

請確認已經勾選 **Load Results** 核選框。其餘保留預設的設定，點選 **Run**。求解器大約需要 5min 時間進行運算。

> 提示　Flow Simulation 的求解器支持並行計算。使用者還可以選擇 CPU 的數量進行計算。

STEP **35** 插入目標圖

當求解器在運算過程中，在求解器的工具列中點選 **Insert Goal Plot** 按鈕 ，以開啟 **Add/Remove Goals** 對話框。

點選 **Add all**，將新增所有的目標用於建立最後的圖解。點選 **OK**。

STEP **36** 插入預覽

求解器運算幾步迭代後，在求解器的工具列中點選 **Insert Preview** 按鈕 。

在 **Preview Settings** 視窗，從 SOLIDWORKS FeatureManager 樹狀圖中選擇任意一個基準面，然後點選 **OK**，將會在該基準面上建立一個結果的預覽圖解。對這個模型而言，上視圖是作為預覽基準面的最佳選擇。使用者在任何時間都可以從 SOLIDWORKS FeatureManager 中選擇預覽基準面。

點選 **Settings** 選項，**Parameter** 列表中，選擇 **Velocity**。點選 **OK**，如圖 1-42 所示。

> **提示**　當求解還在運行中時，使用者可以預覽結果。還有利於使用者在開始階段判斷邊界條件是否正確，並提前瞭解大概的結果走勢。值得注意的是，開始階段的結果看上去可能非常奇怪，或結果變化得非常劇烈。然而，隨著運算的進行，變化會趨緩，結果也會逐漸收斂。結果可以表現為等高線、等值線或向量。

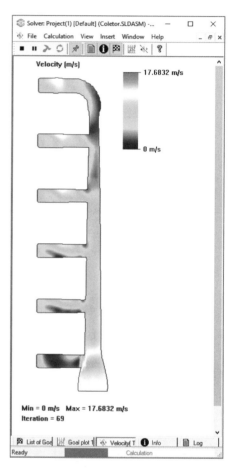

● 圖 1-42　預覽視窗

STEP 37 關閉 Solver 視窗

點選 **File → Close**，關閉 **Solver** 視窗。

1.4 後處理

查看結果的第一步就是建立一個模型的透明視圖，也就是類似"玻璃"狀的圖像。透過這種方法，使用者可以很清楚地看到模型幾何中切割基準面等的位置。

指令TIPS **Cut Plot**

Cut Plot 用來顯示任何 SOLIDWORKS 基準面上的任意結果。結果可以表現為等高線、等值線或向量，還可以是這三者的組合（例如，在等高線雲圖上還覆蓋了向量圖）。

操作方法

- 從 **Tools** → **Flow Simulation** 選單中，選擇 **Results** → **Insert** → **Cut Plot**。
- Flow Simulation Command Manager 中，點選 **Cut Plot** 按鈕 。
- 在 Flow Simulation 分析樹中的結果下方，按滑鼠右鍵點選 **Cut Plot** 並選擇 **Insert**。

STEP 38 設定模型透明度

在 Flow Simulation 選單中，選擇 **Results** → **Display** → **Transparency**。

移動滑塊至右側，以增加 **Value to set**。將模型的透明度設定為 0.75，點選 **OK**。

技巧

> 使用者也可以在 SOLIDWORKS FeatureManager 樹狀圖中按滑鼠右鍵點選每個零件，然後選擇變更透明度。

提示　因為在求解之前已經做了相應的設定，因此在求解結束後結果會自動載入。在結果資料夾旁邊的括號裡還會顯示相關結果檔案的名稱，如圖 1-43 所示。

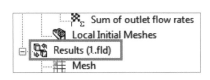

◉ 圖 1-43　結果檔案

STEP 39 建立截面繪圖

在 Flow Simulation 分析樹中，按滑鼠右鍵點選結果下的 **Cut Plot**，然後選擇 **Insert**。

在 **Section Plane or Planar Face** 選項框中，選取 Top 基準面。

點選 **OK**，如圖 1-44 所示。透過觀察發現，總壓的大小由 101249Pa 變化到 101459Pa。在 Flow Simulation 分析樹中的 Cut Plot 下，會建立一個 Cut Plot 1。

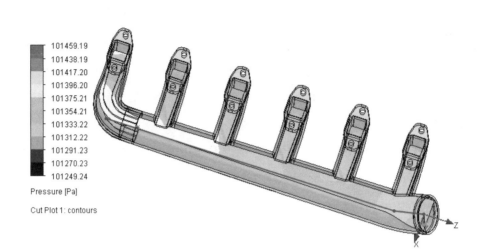

101459.19
101438.19
101417.20
101396.20
101375.21
101354.21
101333.22
101312.22
101291.23
101270.23
101249.24

Pressure [Pa]

Cut Plot 1: contours

◉ 圖 1-44　Cut Plot

STEP 40 隱藏 Cut Plot

按滑鼠右鍵點選 Cut Plot 1，選擇 **Hide**。

STEP 41 增加一個 Cut Plot

按滑鼠右鍵點選 Cut Plot，選擇 **Insert**，選取 Top 基準面作為切分面。請確認已經選中了 **Contours** 按鈕。

在 **Contours** 選項鈕中，選擇 **Velocity**，並移動滑塊，將 **Number of Levels** 的數值提高到 50，如圖 1-45 所示。

點選 **OK**。

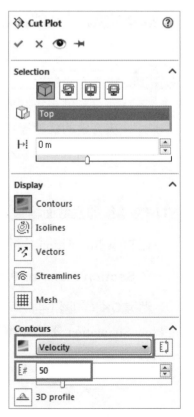

◉ 圖 1-45　新增 Cut Plot

提示 在預設情況下，圖例的範圍是整體的最大值和最小值。使用者可以在 **Contours** 選項中點選 **Adjust Maximum and Minimum** 按鈕，並進行手動修改，如圖 1-46 所示。

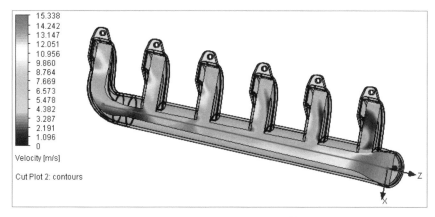

◉ 圖 1-46　更改 Cut Plot 顯示範圍

　　計算得到的最大速度接近 15.3m/s，發生在入口附近，即截面快速收縮的末端位置。要想修改這個或其他圖解的選項，使用者可以在彩色圖例上按滑鼠兩下，也可以按滑鼠右鍵點選圖解的名稱並選擇 **Edit Definition**，如圖 1-47 所示。

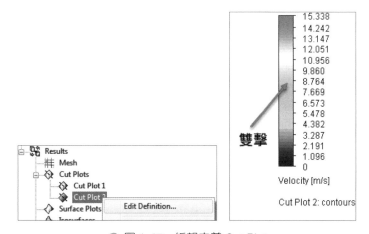

◉ 圖 1-47　編輯定義 Cut Plot

1.4.1　縮放圖例的範圍比例

　　在圖例中直接點選下限或上限的數值，所選極值會顯示在文字字段中。

在文字字段的右側有兩個自動縮放的按鈕。第一個按鈕（左側）可以自動縮放圖例中的最大值並重置為整體最大（小）值。第二個按鈕（右側）可以自動縮放圖例中的最大值並重置為顯示最大（小）值，如圖 1-48 所示。

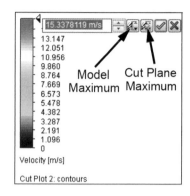

● 圖 1-48　縮放圖例

1.4.2　更改圖例設定

如果想要編輯圖例設定，例如調色板、超出範圍的顏色、字體及大小等，可以直接按滑鼠右鍵點選圖例並使用 **Edit** 和 **Appearance** 指令，如圖 1-49 所示。

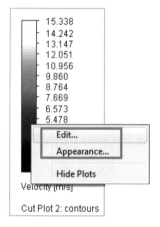

● 圖 1-49　更改圖例設定

1.4.3　圖例方向、對數標度

圖例可以垂直或水平地調整方向。如需改變圖例的方向，只需按滑鼠右鍵點選圖例，然後選擇 **Make Horizontal**（或 **Make Vertical**），如圖 1-50 所示。

點選 Logarithmic Scale 可將軸更改尺度。

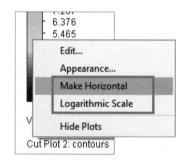

● 圖 1-50　圖例選項

STEP **42** 透過模型的 **Cut Plot** 顯示動畫

使用者可以使用動畫來查看 Cut Plot 數據（在本例中為總壓）沿著整個模型變化的情況，如圖 1-51 所示。

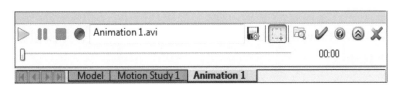

⊙ 圖 1-51　動畫顯示圖解

在 Cut Plot 資料夾下方按滑鼠右鍵點選 Cut Plot 2 並選擇 **Animation**。

在 SOLIDWORKS 視窗下方會出現一個動畫工具列，使用者可以 **Play**（播放）、**Loop**（循環）或 **Record**（記錄動畫）。

點選 **Play** ▷ 會自動沿著模型參考切面垂直方向移動（在本例中為 Top 基準面），並顯示圖解數據的變化情況。

點選 **Stop** ■ 停止動畫。

➤ 在動畫工具列中點選 Record 按鈕 ●，可以將動畫儲存為 AVI 檔案。對於暫態分析的動畫，請參見 "第 4 章 外部流場暫態分析" 中的內容。

STEP **43** 建立向量 **Cut Plot**

在 Cut Plot 資料夾下方按滑鼠右鍵點選 Cut Plot 2 並選擇 **Edit Definition**。

在 **Display** 選項組中，取消選擇 **Contours** 並點選 **Vector**。

點選 **OK**，結果如圖 1-52 所示。

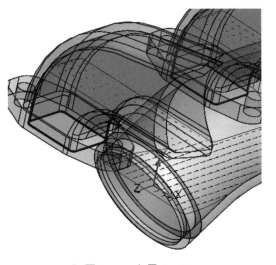

➤ 在 **Cut Plot** 視窗，使用者可以在 **Vector** 對話框中調整 **Spacing**、**Size** 及其他向量參數。

⊙ 圖 1-52　向量 Cut Plot

STEP 44 編輯 Cut Polt 2

將偏移距離更改為 -0.02m，點選 **OK**。

STEP 45 隱藏 Cut Polt 2

在 SOLIDWORKS Flow Simulation 分析樹的結果資料夾下方按滑鼠右鍵點選 Cut Plot2，然後選擇 **Hide**。

指令TIPS Surface Plot（表面圖）

Surface Plot 可以顯示任意 SOLIDWORKS 曲面上的任何結果。結果還可以表現為等高線、等值線或向量，還可以是這三者的組合（例如，在等高線雲圖上顯示向量圖）。

操作方法

- 從 Flow Simulation 選單中，選擇 **Results → Insert → Surface Plot**。
- 在 Flow Simulation Command Manager 中，點選 **Surface Plot** ◇。
- 在 Flow Simulation 分析樹中的結果下方，按滑鼠右鍵點選 **Surface Plot** 並選擇 **Insert**。

STEP 46 建立 Surface Plot

在 Flow Simulation 分析樹中的結果下方，按滑鼠右鍵點選 **Surface Plot** 並選擇 **Insert**。勾選 **Use all faces** 核選框。

請確認已經選中了 **Contours** 按鈕，並指定 **Static Pressure** 為需要產生的數據。點選 **OK**，如圖 1-53 所示。

在 Flow Simulation 分析樹中的表面圖下，會建立一個 Surface Plot 1。表面圖具有和 Cut Plot 相同的基本選項。建議使用者採用不同的組合來呈現結果顯示的差異。

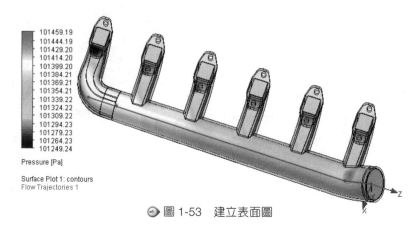

⊙ 圖 1-53 建立表面圖

STEP **47** 探查

在 Flow Simulation 分析樹中按滑鼠右鍵點選 **Results** 並選擇 **Probe**。選擇圖形視窗中感興趣的位置點。

這些所選位置對應的壓力值將顯示在圖形視窗中，如圖 1-54 所示。

如果要關閉 **Probe** 工具，只需再次按滑鼠右鍵點選 **Results** 並選擇 **Probe**。

如果要關閉顯示，請按滑鼠右鍵點選結果並選擇 **Display Probes**。

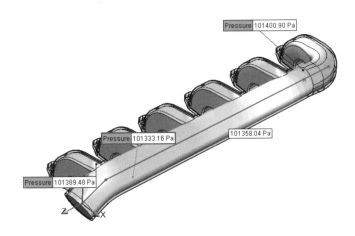

◉ 圖 1-54　探測壓力值

STEP **48** 隱藏 Surface Plot 1

按滑鼠右鍵點選 Surface Plot 1，並選擇 **Hide**。

指令TIPS　**Flow Trajectories（流線軌跡）** 🔍

使用 **Flow Trajectories**，使用者可以顯示流線和放入流體中的無質量粒子路徑，流線軌跡提供了一個非常好的 **3D** 流體流場的圖像。透過將數據導出到 Microsoft Excel，使用者可以看到沿著每條流線軌跡其參數是如何變化的。此外，使用者還可以將流線軌跡儲存為 SOLIDWORKS 的參考曲線。同時，使用者還可以在 **View Settings** 視窗更改流線軌跡為任何可選的顏色。

操作方法

* 從 **Flow Simulation** 選單中，選擇 **Results → Insert → Flow Trajectories**。
* 在 Flow Simulation Command Manager 中，點選 **Flow Trajectories** 🔘。
* 在 Flow Simulation 分析樹中的結果下方，按滑鼠右鍵點選 **Flow Trajectories** 並選擇 **Insert**。

STEP 49 建立流線軌跡

在 Flow Simulation 分析樹中的結果下方按滑鼠右鍵點選 **Flow Trajectories** 並選擇 **Insert**。

點選 Flow Simulation 分析樹選項。

在邊界條件下方點選 Static Pressure 1 選項。這會自動選擇對應出口 Lid 的內側表面作為跡線的起點。

在 **Appearance** 中，點選 **Static Trajectories**，將 **Flow Trajectories** 設定為 Pipes。

在 **Number of points** 對話框中，輸入 16，如圖 1-55 所示。點選 **OK**。

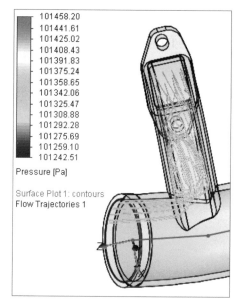

● 圖 1-55　流線軌跡

◆ **討論**

請注意流進和流出出口 Lid 的軌跡線，這也是在求解過程中出現警告提示（回流經過壓力開口）的原因所在。當流體流進並流出同一開口，求解的精度會大受影響。當出現這類問題時，使用者通常可以採用在模型中新增一個相鄰部件的方法（例如延長出口管道以增加計算域），以消除開口處產生的回流。

另一個處理該警告提示的方法是：更改壓力開口的邊界條件。對每個出口表面設定靜壓的邊界條件，這將對 Lid 的兩側都設定靜壓的邊界條件。實際上，如果對 Lid 進行延伸，勢必帶來一定的壓力損失。為了解決該問題，可以採用環境壓力作為邊界條件。環境壓力的邊界條件會讓總壓到流入模型的 Lid 表面，並設定靜壓到流出模型的 Lid 表面。這樣的邊界條件可以提供比靜壓邊界條件更為可靠的結果。

指令TIPS | **XY-Plot** 🔍

XY-Plot 可以讓使用者觀察參數是如何沿著一個指定方向改變的。使用者可以使用曲線和草圖（2D 和 3D 草圖）來定義方向。數據可以導出為 Excel 檔案，該檔案可以顯示參數圖表及數值。圖表顯示在單獨的頁面中，而所有的數值則顯示在 **Plot Data** 頁面中。

操作方法

- 從 **Flow Simulation** 選單中，選擇 **Results → Insert → XY-Plot**。
- 在 Flow Simulation Command Manager 中，點選 **XY-Plot** 📈。
- 在 Flow Simulation 分析樹中的結果下方，按滑鼠右鍵點選 **XY-Plot** 並選擇 **Insert**。

STEP 50 隱藏 Flow Trajectories 1

在 SOLIDWORKS Flow Simulation 分析樹中的結果下方，按滑鼠右鍵點選 **Flow Trajectories** 下的 Flow Trajectories 1，選擇 **Hide**。

STEP 51 圖解顯示 XY-Plot

前面已經建立了一個 SOLIDWORKS 草圖，該草圖包含一根穿過歧管的線條，也可以在分析完成之後再建立該草圖。在 SOLIDWORKS FeatureManager 樹狀圖中，請注意觀察 Sketch-XY Plot。

在 SOLIDWORKS Flow Simulation 分析樹中的結果下方，按滑鼠右鍵點選 XY Plots 並選擇 **Insert**。

在 **Parameter** 選項組中，選擇 **Static Pressure** 和 **Velocity**。

在 **Selection** 選項組中，從 SOLIDWORKS FeatureManager 中選擇 Sketch-XY Plot。

保留其他選項為預設值，然後點選 **Show**。在視窗底部會開啟所選結果的圖形視窗，如圖 1-56 所示。

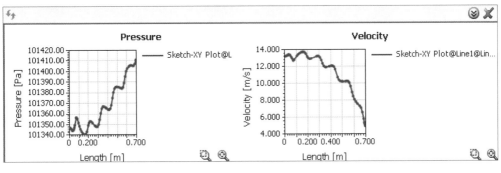

◉ 圖 1-56　XY-Plot

點選 **Close** 按鈕關閉圖解視窗。

在 **XY Plot** 的 PropertyManager 中，點選 **Export to Excel**。

Microsoft Excel 將會啟動並建立兩組數據點和兩個圖表，一個代表 **Static Pressure**，另一個代表 **Velocity**。使用者需要在不同頁面中進行切換，以觀察每個圖表的內容，如圖 1-57 和圖 1-58 所示。

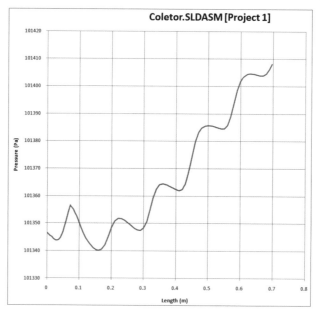

◉ 圖 1-57　靜壓 - 長度圖

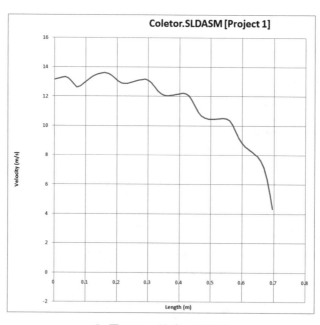

◉ 圖 1-58　速度 - 長度圖

指令TIPS **Surface Parameters（表面參數）**

模型中接觸流體的任意曲面上作用的壓力、力、熱通量和其他變量，都可以用表面參數來測定。對這類分析，當計算從閥門入口到出口的平均靜壓差時，可能會比較有價值。

可以於 **Surface Parameters** 中選擇 **Cut Plots** 獲取表面參數。這可以免除建立假體來測量流體的積分參數。

操作方法

* 從 **Flow Simulation** 選單中，選擇 **Results → Insert → Surface Parameters**。
* Flow Simulation Command Manager 中，點選 **Surface Parameters** ◈。
* 在 Flow Simulation 分析樹中的結果下方，按滑鼠右鍵點選表面參數並選擇 **Insert**。

STEP 52 建立 Surface Parameters

在 Flow Simulation 分析樹中的結果下方，按滑鼠右鍵點選 **Surface Parameters** 並選擇 **Insert**。

在 SOLIDWORKS Flow Simulation 分析樹中的邊界條件下方，點選 Inlet Volume Flow 1 專案。這將會選取並新增入口 Lid1 的表面到 **Faces** 列表中。

在 **Parameter** 列表中勾選 **All** 核選框。

點選 **Show**。在視窗底部會顯現兩個表格，左邊的表格包含局部參數，而右邊的表格包含的是積分參數。

Local 表格中顯示的是入口表面大量參數（包含 **Static Pressure**、**Temperature**、**Density** 等）的 **Minimum**、**Maximum**、**Average** 和 **Bulk Average**。如果選取了出口 Lid 的表面，也會得到相同的訊息。

點選視窗右側的關閉按鈕，將這兩個表格關閉。

點選 **Export to Excel**。

將自動建立一張 Excel 表格，該表格包含 **Surface Parameters** 視窗中的數值，如圖 1-59 所示。

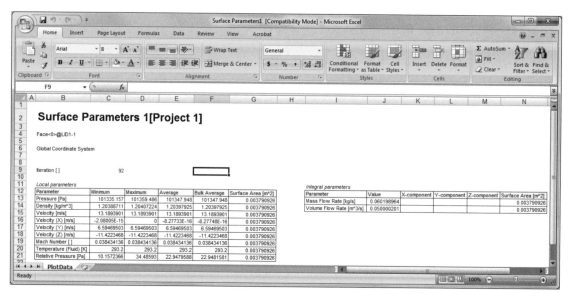

◉ 圖 1-59　表面參數表

> **提示**　　**Integral** 表格包含從所選表面採集到的綜合數值。可以看到，入口面的體積流率等於指定的體積流率的邊界條件：0.05m³/s。

STEP 53 計算質量流率、體積流率和每個出口的平均壓力

在 Flow Simulation 分析樹中的結果下方，按滑鼠右鍵點選 **Surface Parameters** 並選擇 **Insert**。從 **Selection** 選單中，選擇 **Cut Plot**。在 Cut Plot 下拉中，選擇 **Cut Plot 2**。勾選 **Separate** 核選框。

在 **Parameters** 列表中勾選 **Mass Flow Rate**、**Volume Flow Rate** 和 **Pressure**。點選 **Show**，如圖 1-60 所示。

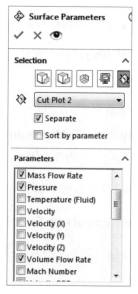

◉ 圖 1-60　於 Parameters 列表中勾選

提示 ▶ 因為剖面圖將模型分成幾個封閉的輪廓，複選框
出現在 **Surface Parameters** 對話框中。
在 **Display Contours** 列表中勾選 Air(1) 核選框
到 Air(6) 核選框。
點選 **OK**，如圖 1-61 所示。

◉ 圖 1-61　勾選 Air(1) 到 Air(6)

提示 ▶ 與出口端口對應的 Air 專案編號可能是不同的。每個輪廓的選定參數的標誌顯
示在圖形區域。觀察每個參數，每個出口的質量流率是不同的。
Air(6) 出口與主管之間有平滑分支過渡。所以 Air(6) 出口處的質量和體積流率
為最大值。另一方面，Air(1) 出口和主管無平滑過渡，因此 Air(1) 出口處的質
量和體積流率為最低值。點選 **OK**，如圖 1-62 所示。

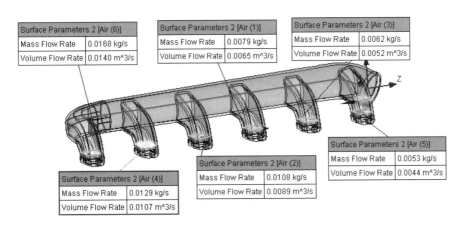

◉ 圖 1-62　每個出口的質量流率不同

指令TIPS　**Goals Plot（目標圖）**

目標圖可以讓使用者清楚地看到目標隨著流體模擬的變化過程，以及計算結果時目標
的最終值。

操作方法

• 從 **Flow Simulation** 選單中，選擇 **Results → Goals Plot**。

• 在 Flow Simulation Command Manager 中，點選 **Goals Plot** 。

• 在 Flow Simulation 分析樹中的結果下方，按滑鼠右鍵點選 **Goals Plot** 並選擇 **Insert**。

STEP 54 建立目標圖

在 SOLIDWORKS Flow Simulation 分析樹中的結果下方，按滑鼠右鍵點選 **Goals Plot**，選擇 **Insert**。

在 **Goal Filter** 中選擇 **All Goals**，然後在 **Goals to Plot** 列表中勾選 **All** 核選框。在 **Option** 下方，勾選 **Group charts by parameter** 核選框，點選 **Show**。如圖 1-63 所示。

在視窗底部會開啟一個包含目標值的表格。

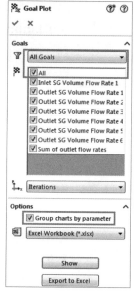

◉ 圖 1-63　目標圖

目標表格會顯示在螢幕底部，如圖 1-64 所示。

Goal Name	Unit	Value	Averaged	Minimum	Maximum	Progress [%]	Use In Cc	Delta	Criteria
Inlet SG Volume Flow Rate	[m^3/s]	0.0500	0.0500	0.0500	0.0500	100	Yes	5.9958e-006	4.1536e-005
Outlet SG Volume Flow Rate 1	[m^3/s]	-0.0047	-0.0047	-0.0047	-0.0047	100	Yes	4.8066e-005	0.0004
Outlet SG Volume Flow Rate 2	[m^3/s]	-0.0050	-0.0050	-0.0051	-0.0050	100	Yes	0.0001	0.0002
Outlet SG Volume Flow Rate 3	[m^3/s]	-0.0063	-0.0062	-0.0063	-0.0062	100	Yes	4.3822e-005	4.6039e-005
Outlet SG Volume Flow Rate 4	[m^3/s]	-0.0093	-0.0093	-0.0093	-0.0093	100	Yes	1.4382e-005	0.0001
Outlet SG Volume Flow Rate 5	[m^3/s]	-0.0107	-0.0107	-0.0107	-0.0106	100	Yes	4.0308e-005	0.0002
Outlet SG Volume Flow Rate 6	[m^3/s]	-0.0141	-0.0141	-0.0141	-0.0141	100	Yes	3.8274e-005	0.0003
Sum of outlet flow rates	[m^3/s]	-0.0500	-0.0500	-0.0500	-0.0500	100	Yes	6.0592e-006	9.1051e-006

◉ 圖 1-64　目標表格

將顯示從 **Summary** 切換到 **History**，如圖 1-65 所示。

點選右上角紅色 X，關閉目標視窗。

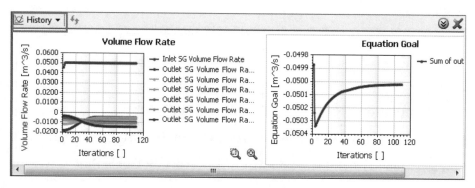

◉ 圖 1-65　分組的目標圖

在 **Goals Plot** PropertyManager 中，點選 **Export to Excel**。

將自動建立一張 Excel 表格，該表格包含目標的相關訊息，如圖 1-66 所示。

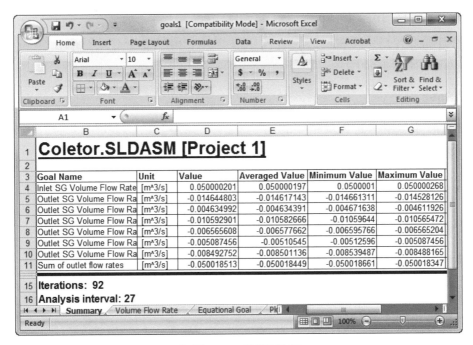

⊙ 圖 1-66　目標圖表格

關閉這個 **Goals Plot** 的 PropertyManager。

提示　Excel 表格包含求解過程中目標的數值、最大值、最小值及平均值。此外，還有
一些圖解可以顯示目標在計算過程中如何變化。負數表示有流體流出了計算域。
這裡還可以在計算過程中驗證，入口體積流率的邊界條件是設定正確的。另
外，流出的總量等於流入的總量。

指令TIPS　**Save Image（儲存圖像）**

Cut Plot 和 Surface Plot 這些後處理的圖像可以輸出為各種圖片格式，也可以輸出為
eDrawings 格式。

操作方法

• 快捷選單：按滑鼠右鍵點選 **Results** 並選擇 **Save Image**。

• Command Manager：**Flow Simulation → Screen Capture → Save Image** 。

• 選單：**Tools → Flow Simulation → Results → Screen Capture → Save Image**。

STEP **55** 儲存圖像為 **eDrawings**

顯示所有結果圖解。按滑鼠右鍵點
選 **Results** 並選擇 **Save Image**。選擇
eDrawings 作為儲存格式,保持預設名稱
Project1.easm,如圖 1-67 所示。

點選 **Save**。

檔案將被儲存在與此專案相關的路
徑中。點選右上角紅色 X,關閉 PropertyManager。

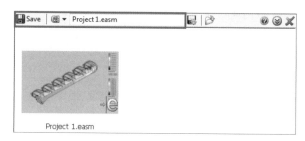

◉ 圖 1-67　儲存圖像為 eDrawings.

STEP **56** 開啟 **eDrawings** 檔案

瀏覽到此專案相關的路徑中,在 Project1.easm 上按滑鼠兩下開啟此檔案。

eDrawings 將開啟模型並帶有所有定義的結果圖解,如圖 1-68 所示。

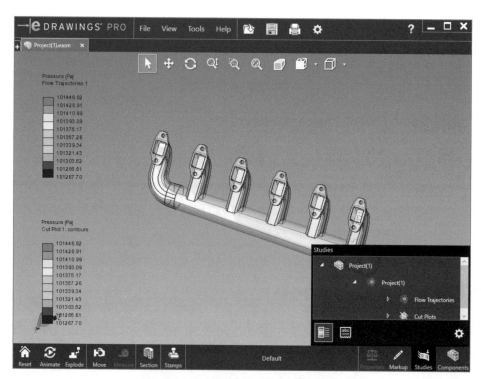

◉ 圖 1-68　開啟 eDrawings 檔案

Flow Simulation 特徵樹上顯示的所有圖解都包含在內。

STEP **57** 儲存並關閉該組合件

1.5 討論

前面指定了入口體積流率 $0.05\text{m}^3/\text{s}$ 並驗證了應用該邊界條件是正確的，並在使用 **Surface Parameters** 和 **Goals Plot** 時都用到了該數值。

由於質量守恆的關係，能認識到流入歧管的總體積流率應該等於流出歧管的總體積流率。可以應用 **Goals Plot** 並追蹤出口體積流率的總和來判定這個事實。

此外，還希望確定歧管的設計是否會帶來有效的發動機性能。在本章的開始部分，提到最理想的狀態是在每個出口都具有相似的流場。當查看定義的目標時，可以看到通過出口的體積流率變化非常劇烈。這時工程師需要做出決定，看是否需要修改現有設計，來保證流體能夠更加均勻地流過每個出口。

1.6 總結

在本章中講解了如何建立一個 Flow Simulation 專案，使用了 **Wizard** 來建立分析中所有的常規設定，定義了入口和出口的邊界條件，還定義了一些求解目標，還採用了 SOLIDWORKS Flow Simulation 的眾多選項，全面地對模擬結果進行了後處理。本章主要介紹了流體模擬的步驟，而且整本書都將沿用這種思路。

練習 1-1 空調管道

在這個練習中,我們將執行一次穩態分析,模擬主管透過四個管道為不同房間提供空氣的情況。本練習將應用以下技術:

- 操作步驟。

- 內部流場分析。

- 建立 Lid。

- 檢查模型。

- 專案 Wizard 應用。

◆ 問題描述

一個風管用於向四個不同房間分配調節的空氣。調節空氣以 4m/s 的速度進入主管。這個練習的目標是得到四個出口不同的體積流率,如圖 1-69 所示。

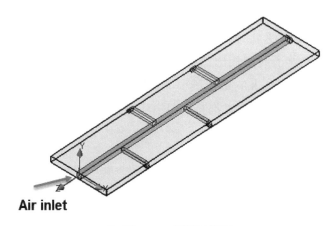

Air inlet

◎ 圖 1-69 風管示意圖

操作步驟

STEP 1 開啟組合件

從 Lesson01\Exercise\Electric wire 資料夾中開啟檔案 "Air Duct"。

STEP 2 在入口表面建立 Lid

在主選單選擇 **Tools → Flow Simulation → Tools → Create Lids** 🖻。

選擇入口處的中空矩形面建立 Lid,如圖 1-70 所示。

調整 **Thickness** 到 20mm，點選 **OK**。

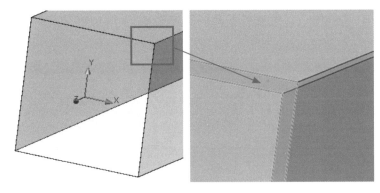

◉ 圖 1-70　建立入口 Lid

STEP 3　對剩餘 5 個出口表面建立 Lid

使用和前面相同的操作步驟，在第一個出口表面建立 Lid。使用如圖 1-71 所示的中空矩形表面。

使用相同步驟，對剩餘 4 個出口建立 Lid。

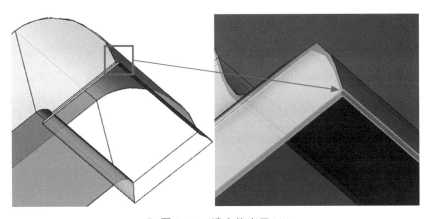

◉ 圖 1-71　建立的出口 Lid

STEP 4　查看無效的流體幾何

對這個 **Internal** 分析選擇 **Check Geometry** 工具，點選 **Check**。

幾何應該顯示為正確封閉，如圖 1-72 所示。

關閉這個 **Check Geometry** 工具。

```
Results
Status: SUCCESSFUL. Geometry is OK
Analysis type: Internal
Fluid volume: 27.5495 m^3
Solid volume: 385.98 m^3
```

◉ 圖 1-72　檢查模型結果

STEP 5 新建專案

使用 **Wizard**，按照表 1-1 的屬性新建一個專案。

表 1-1 專案設定

Configuration name	使用目前："Default"
Project name	"Air Flow"
Unit system	SI(m-kg-s)
Analysis Type **Physical Features**	Internal 無
Database of Fluid	在 **Gases** 列表中，於 **Air** 上按滑鼠兩下
Wall conditions	在 **Default wall thermal condition** 列表中選擇 **Adiabatic wall** 設定 **Roughness** 為 0 微米
Initial conditions	預設條件。點選 **Finish**

STEP 6 插入入口邊界條件

在 SOLIDWORKS Flow Simulation 分析樹中，在 **Input data** 下方按滑鼠右鍵點選 **Boundary Conditions** 並選擇 **Insert Boundary Condition**。

選擇空氣入口 Lid 處的內表面，如圖 1-73 所示。

在 **Type** 選項組中點選 **Flow openings** 按鈕，選擇 **Inlet Volume Flow**。

在 **Volume Flow Rate** 中輸入 $4m^3/s$，保持其餘參數值為預設值，點選 **OK**。

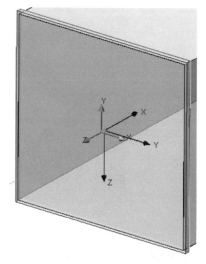

◉ 圖 1-73 插入入口邊界條件

STEP 7 插入出口邊界條件

和 STEP 6 類似，進入 **Insert Boundary Condition** 選單，選擇第一個出口的內表面。

在 **Type** 選項組中點選 **Pressure openings** 按鈕，選擇 **Static Pressure**，點選 **OK**。

按照同樣的方法，對剩餘 4 個出口定義出口靜壓的邊界條件。

STEP 8　對出口插入 Surface Goal

在 SOLIDWORKS Flow Simulation 分析樹中，按滑鼠右鍵點選 **Goals**，選擇 **Insert Surface Goal**。

選擇 5 個出口端蓋的內表面。

勾選 **Create goal for each surface** 核選框。

在 **Parameter** 列表中，找到 **Volume Flow Rate** 並勾選旁邊的核選框，如圖 1-74 所示。

回顧之前提到的技巧，學習使用已經定義好的壓力出口來方便選取所有 5 個表面。

點選 **OK**。

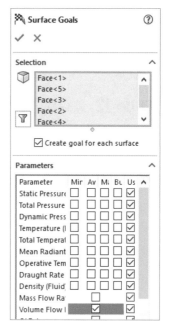

● 圖 1-74　插入 Surface Goal

STEP 9　重新命名出口邊界條件

將新建立的目標重新命名為 SG Outlet Volume Flow Rate 1、SG Outlet Volume Flow Rate 2 等，以對應出口的位置。

STEP 10　插入 Equation Goal

我們將使用 Equation Goal 來計算出口總的體積流率。

在 SOLIDWORKS Flow Simulation 分析樹中，按滑鼠右鍵點選 **Goals**，選擇 **Insert Equation Goal**。

在 **Expression** 框中，計算全部 5 個出口體積流率的總和。表達式如下：

SG Outlet Volume Flow Rate 1+SG Outlet Volume Flow Rate 2+SG Outlet Volume Flow Rate 3+SG Outlet Volume Flow Rate 4+SG Outlet Volume Flow Rate 5

點選 **OK**。

將新建的方程式目標重新命名為 Sum of outlet flows。

提示　想要插入一個特定目標到 **Expression** 框中，只需在 Flow Simulation 分析樹中點選該目標即可。

STEP **11** 設定初始整體網格參數

在 SOLIDWORKS Flow Simulation 分析樹中,在 **Input data** 下方展開網格資料夾,
按滑鼠右鍵點選 **Global Mesh** 並選擇 **Edit Definition**;在 **Type** 下方保持 **Automatic** 選
項;在 **Settings** 中保持 **Level of initial mesh** 為 3,點選 **OK**。

STEP **12** 儲存檔案

點選**檔案→儲存檔案**,儲存該零件檔案。

STEP **13** 求解這個 SOLIDWORKS Flow Simulation 專案

在 SOLIDWORKS Flow Simulation 分析樹中,按滑鼠右鍵點選 Air Flow 並選擇 **Run**。

確認已經勾選 **Load Results** 核選框。保留預設的設定,點選 **Run**。

求解器大約需要 1 分鐘進行計算。

STEP **14** 設定模型透明度

在 **Tools → Flow Simulation** 選單中,選擇 **Results → Display → Transparency**。

移動滑塊至右側,以增加 **Value to set**。將模型的透明度設定為 0.75。

點選 **OK**。

STEP **15** 建立壓力 Cut Plot

在 Flow Simulation 分析樹中,按滑鼠右鍵點選結果下方的 Cut Plot,然後選擇 **Insert**;
在 **Section Plane or Planar Face** 選項框中,選取 Top 基準面;在 **Contours** 下方保持預
設選項 **Static Pressure**,將 **Number of Levels** 提高到 100;點選 **OK**。

在與入口直接相通的最後一個出口,壓力隨著空氣的流場而上升。側方管道的壓力相
對較小,如圖 1-75 所示。

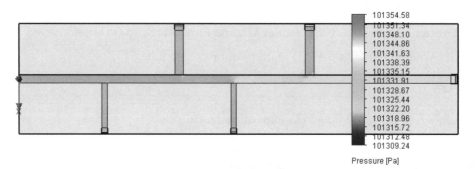

▶ 圖 1-75 壓力 Cut Plot

16 隱藏 Cut Plot

按滑鼠右鍵點選 Cut Plot 1，選擇 **Hide**。

STEP 17 建立速度 Cut Plot

按照和之前相同的步驟，對 **Velocity** 建立一個新的 Cut Plot，如圖 1-76 所示。

遠離入口 Lid 處的速度呈現逐漸下降的趨勢。

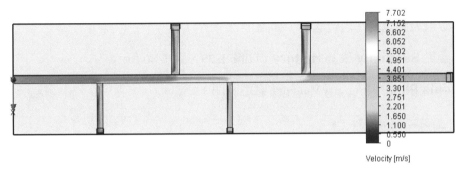

◎ 圖 1-76　速度 Cut Plot

STEP 18 在速度 Cut Plot 中顯示向量

對 **Velocity** 剖面圖 **Edit Definition**，在 **Display** 下方取消選擇 **Contours**，選擇 **Vector**。

縮放視圖到第二個出口位置，如圖 1-77 所示。

點選 **OK**。

提示　注意在這個出口位置有產生回流的可能。

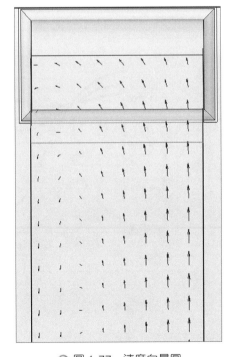

◎ 圖 1-77　速度向量圖

STEP 19 建立目標圖

在 SOLIDWORKS Flow Simulation 分析樹中，於結果下方按滑鼠右鍵點選 **Goals Plot** 並選擇 **Insert**。

在 **Goal Filter** 中選擇 **All Goals**，在 **Goals to Plot** 列表中勾選 **All**。

在 **Option** 下方勾選 **Group charts by parameter**。

點選 **Show**。

目標數值表將呈現在視窗底部，如圖 1-78 所示。

將視圖從 **Summary** 改為 **History**，如圖 1-79、圖 1-80 所示。

在 **Goals Plot** 的 PropertyManager 點選關閉。

Goal Name	Unit	Value	Averaged Value	Minimum Value	Maximum Value	Progress [%]
SG Outlet Volume Flow Rate 3	[m^3/s]	-0.4870	-0.4868	-0.4880	-0.4863	100
SG Outlet Volume Flow Rate 5	[m^3/s]	-1.7857	-1.7848	-1.7868	-1.7833	100
SG Outlet Volume Flow Rate 2	[m^3/s]	-0.5450	-0.5446	-0.5460	-0.5425	100
SG Outlet Volume Flow Rate 1	[m^3/s]	-0.2771	-0.2793	-0.2866	-0.2758	100
SG Outlet Volume Flow Rate 4	[m^3/s]	-0.9064	-0.9057	-0.9072	-0.9012	100
Sum of outlet flows	[m^3/s]	-4.0012	-4.0011	-4.0015	-4.0008	100

◉ 圖 1-78　目標數值表

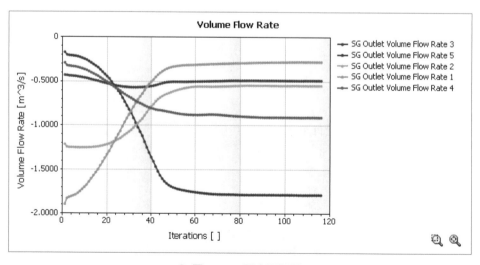

◉ 圖 1-79　歷史記錄圖

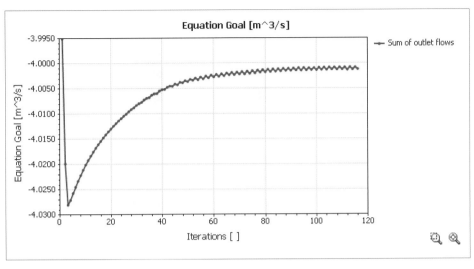

圖 1-80　歷史記錄圖

STEP 20 儲存並關閉

儲存並關閉該零件檔案。

NOTE

02

網格劃分

 順利完成本章課程後，您將學會：

- 在存在薄壁和細縫的情況下產生適當的網格

- 使用網格特徵

- 顯示網格

- 使用局部網格

- 應用手動網格控制並使用控制平面

2.1 案例分析：化學腔體

本章中將介紹 SOLIDWORKS Flow Simulation 中不同的網格控制方法。使用者將學習很多 SOLIDWORKS Flow Simulation 提供的手動劃分網格的選項，以幫助使用者分析帶有細小幾何和物理特徵的複雜問題。如果採用自動化的網格設定，求解這類問題時需要耗費大量的計算資源。手動設定可以讓使用者更有效率地分析這些問題。

2.2 專案描述

如圖 2-1 所示為一個化學腔體模型。在底部的藍色噴射器（Ejector）中發生化學反應，並釋放氣體到外界。在腔體的前面有一個開口（Open），且排氣扇會在頂部開口處（Exhaust）產生體積流量。此外，在入口和出口之間有三個薄的擋板。本章的目的是劃分一套適當的網格，使之可以正確捕捉小的噴射器開口、薄的擋板以及模型的剩餘部分。在求解小尺寸幾何時，網格必須足夠小到可以去解析出小幾何，同時也必須兼顧電腦的資源不被耗盡。

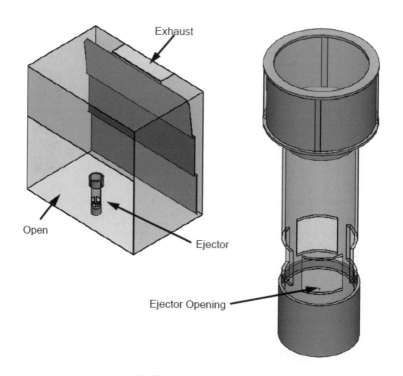

◉ 圖 2-1　化學腔體模型

該專案的關鍵步驟如下：

(1) **檢查幾何**：在網格劃分之前，必須事先標定關注區域的間隙或薄壁。

(2) **建立專案**：使用 **Wizard** 建立一個專案。

(3) **更改初始網格設定**：使用者可以更改初始網格設定，以處理薄壁和間隙。

(4) **劃分模型網格**：網格產生完畢後，使用者可以評估是否有必要進一步加密網格。如果網格品質已經足夠好，則可以立即計算此分析。

(5) **計算流體模擬**。

[操作步驟]

STEP 1 開啟組合件檔案

從 Lesson02\Case Study 資料夾中開啟檔案 "Ejector in Exhaust Hood"。

STEP 2 使用 Wizard 建立專案

從 **Flow Simulation** 選單中，選擇 **Project → Wizard**。專案設定見表 2-1。

表 2-1 專案設定

Configuration name	新建："Hood mesh"
Project name	"Mesh 1"
Unit system	SI(m-kg-s)
Analysis Type **Physical Features**	Internal 無
Database of Fluid	在 **Gases** 列表中，在 **Air** 上按滑鼠兩下
Wall conditions	在 **Default outer wall thermal condition** 列表中選擇 Adiabatic Wall 設定 **Roughness** 設定為 0 微米
Initial conditions	預設值

STEP 3 檢查整體網格

在 SLOIDWORKS Flow Simulation 分析樹的 **Input Data** 選項下方，展開 **Mesh** 指令，按滑鼠右鍵點選 **Global Mesh** 並選擇 **Edit Definition**。

在 **Type** 中保持預設的 **Automatic**，在 **Settings** 中保持預設的階數為 3，如圖 2-2 所示。

注意到 **Minimum Gap Size** 區域的數值為 0.8122m，但請不要顯示這個參數。

Flow Simulation 會讀取這個計算域的參數，並相應地調整這個數值。

點選 **OK**。

◉ 圖 2-2　整體網格設定

STEP **4**　插入 Boundary Condition(1)

在 SLOIDWORKS Flow Simulation 分析樹中，按滑鼠右鍵點選 **Input Data** 下方的 Boundary Condition，選擇 **Insert Boundary Condition**。

選擇腔體開口的內側表面，在 **Type** 中點選 **Pressure Openings**，並選擇 **Environment Pressure**，如圖 2-3 所示。

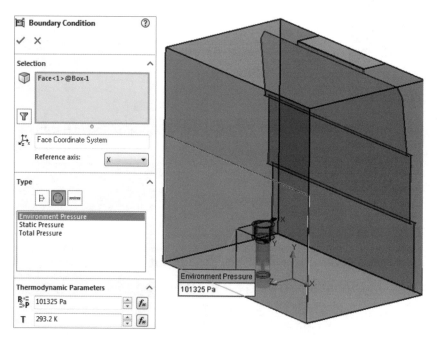

◉ 圖 2-3　設定 Boundary Condition(1)

STEP 5 插入 **Boundary Condition(2)**

在 SOLIDWORKS Flow Simulation 分析樹中，按滑鼠右鍵點選 **Input Data** 下方的 Boundary Condition，選擇 **Insert Boundary Condition**。

選擇出口端的內側表面。

在 **Boundary Condition** 屬性框中，點選 **Type** 下方的 **Flow Openings** 圖標 ⊬。仍在 **Type** 下方選擇 **Outlet Volume Flow**。

在 **Flow Parameters** 選項中，輸入 $0.5m^3/s$，如圖 2-4 所示。點選 **OK**。

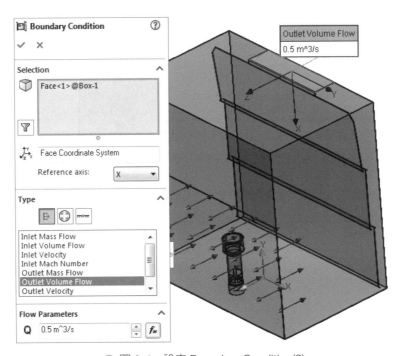

圖 2-4 設定 Boundary Condition(2)

2.3 計算網格

SOLIDWORKS Flow Simulation 會自動產生計算網格。透過將計算域劃分為很多切片，並進一步細分為長方體單元來產生網格。之後，為了正確求解模型的幾何，網格元素會根據需要的部分再次細分。SOLIDWORKS Flow Simulation 離散與時間相關的 Navier-Stokes 方程式，並根據計算的網格來求解。在部分的條件下，SOLIDWORKS Flow Simulation 將在計算模擬的過程中自動加密網格。

2.4 顯示基本網格

透過平行和正交於整體座標系軸線的基準面，將 Computation Domain（計算域）切分為許多立方體，而這些立方體就稱為基本網格（Basic Mesh）。

使用者可以在 Flow Simulation 分析樹下按滑鼠右鍵點選專案名稱，然後選擇 **Show Basic Mesh**，以查看基本網格，如圖 2-5 所示。

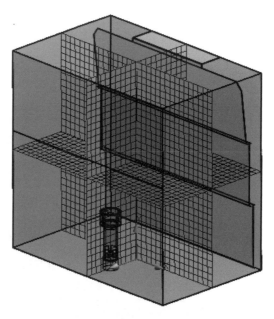

圖 2-5　Show Basic Mesh

2.5 初始網格

按照指定的網格設定來加密基本網格元素，從而形成初始網格（Initial Mesh）。

這套網格之所以稱為初始網格，是因為計算是以該網格為起點，而且如果在求解中開啟了 Solution-adaptive meshing 自適性網格選項，則這套初始網格在計算中還會進一步最佳化。初始網格可以根據 **Global Mesh** 和 **Local Mesh** 設定進行設定。

雖然自動產生的網格通常是夠用的，但是細小幾何特徵可能產生相當龐大的網格數，從而導致記憶體使用量暴增，或者超出使用者電腦的儲存空間。

指令TIPS **Global Mesh**（整體網格）

Global Mesh 控制整體（整個計算域）基本網格的精度。它由 **Global Mesh** PropertyManager 中的一組參數進行控制。

操作方法

* 在 Flow Simulation 分析樹中，展開 **Mesh** 指令，按滑鼠右鍵點選 **Global Mesh** 並選擇 **Edit Definition**。
* 在 Flow Simulation Command Manager 中，點選 **Global Mesh** 🖽。
* 在 **Flow Simulation** 選單中，選擇 **Global Mesh**。

STEP 6 查看 Initial Global Mesh 設定 (1)

與 STEP 3 類似，按滑鼠右鍵點選 **Global Mesh** 並選擇 **Edit Definition**。

注意到 **Minimum Gap Size** 顯示的數值為 0.1524m，但同樣不要顯示這個參數。點選 **OK**。

> **提示** 流體模擬可以設定並更改預設的最小間隙尺寸，讓該尺寸等於出口的寬度。

2.6 模型精度

網格的模型精度是網格設計中的重要一環。我們必須掌握影響流動結果的最小幾何特徵的大小，以得到足夠精度的網格來進行求解。

2.6.1 最小縫隙尺寸

在 **Global Mesh** 中如果選擇了 **Automatic** 設定，SOLIDWORKS Flow Simulation 將使用整個模型的尺寸、計算域、使用者指定的 Boundary Condition 和 Goals 的特徵等訊息來計算預設的 **Minimum Gap Size**。然而，這些訊息也許還無法識別相對小的縫隙，這可能導致得到不精確的結果。在這樣的情況下，必須手動指定 **Minimum Gap Size**。

2.6.2 最小壁面厚度

最小壁面厚度（Minimum Wall Thickness）與最小縫隙尺寸的功能接近。然而，由於最新的網格和求解技術的發展，它對流動結果的影響相對較小。為了使用這個參數，使用者需要進入**工具**→ **Flow Simulation** → **Tools** → **Options**，並在 **General Options** 中設定 **Show/Hide Wall Thickness** 為 **Show**。

STEP 7 插入 Boundary Condition(3)

在 SOLIDWORKS Flow Simulation 分析樹中，在 **Input Data** 下方按滑鼠右鍵點選 Boundary Condition 並選擇 **Insert Boundary Condition**，如圖 2-6 所示。

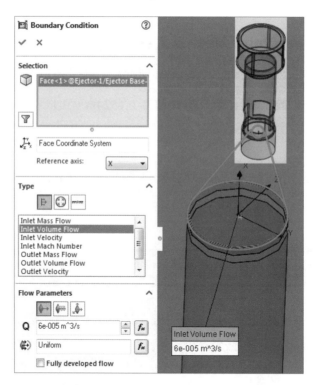

◉ 圖 2-6　設定 Boundary Condition(3)

請選擇噴射器入口的微小表面。

在 **Boundary Condition** 的屬性框中，選擇 **Type** 選項組中的 **Flow Openings** ⅃。

還需要在 **Type** 下選擇 **Inlet Volume Flow**。

在 **Flow Parameters** 選項組中點選 **Normal to face** ↝ 並輸入 6e-5m³/s。

點選 **OK**。

 在噴射器內部發生化學反應，並透過該微小的開口將氣體釋放到化學腔體中。

STEP 8 查看 Initial Global Mesh 設定 (2)

與 STEP 3 類似，按滑鼠右鍵點選 **Global Mesh** 並選擇 **Edit Definition**。

注意到 **Minimum Gap Size** 顯示的數值為 0.00136m，但同樣不要顯示這個參數。點選 **OK**。

提示 因為對微小表面增加了另外一個 Boundary Condition，預設的最小縫隙尺寸已經更改為入口表面的直徑。

◆ **討論**

現在可以接受當前的預設網格設定並嘗試進行求解，所有小的縫隙也都會妥善處理。在嘗試進行網格劃分和求解時，如果模型和最小縫隙尺寸的寬高比很大時，通常會經歷很長的計算並耗盡電腦資源。所有小縫隙都會被妥善處理，然而在沒有必要的區域也會產生很多網格。此外，如果模型和最小縫隙尺寸的寬高比大於 1000 時，Flow Simulation 可能無法正確劃分識別。

圖 2-7 所示為採用這些網格設定產生的網格 cut plot。網格包含超過 600000 個單元，使用自己設定的 **Minimum Gap Size**，而不是使用現在的網格設定。

在進行計算之前，建議使用者檢查幾何精細度，確保細小的特徵能夠被正確識別。

使用者可以使用 **Minimum Gap Size** 和 **Minimum Wall Thickness**，在計算網格中求解這些特徵。

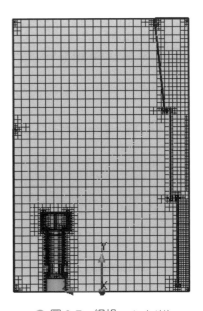

◆ 圖 2-7　網格 cut plot(1)

C 技巧

對於內部流場分析，通常能夠正確捕捉內部流動和環境大氣間的邊界，因為 SOLIDWORKS Flow Simulation 能夠區分內部流動體積和環境大氣。如果使用者的模型不包含兩面接觸流體的薄壁，而且也不包含突出流體的細小特徵，就沒必要更改最小壁厚的數值。

STEP 9 查看模型幾何

由於噴射器的出口非常小，如果採用最小縫隙尺寸的預設設定，將產生過量的網格劃分。儘管在這個區域有必要採用更多的劃分，然而對整個模型而言，網格數量還是有些超標。應當全面查看一下整個模型，並選擇一個更加合適的最小縫隙尺寸，如圖 2-8 所示。

除了噴射器入口表面之外，模型中的最小縫隙位於腔體的薄擋板之間。可以使用該尺寸作為 **Minimum Gap Size**。

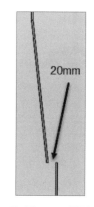

◆ 圖 2-8　縫隙

STEP 10 Initial Global Mesh 設定 (1)

與 STEP 3 類似，按滑鼠右鍵點選 **Global Mesh** 並選擇 **Edit Definition**。

點選 **Minimum Gap Size** 並輸入 0.0204216m。

點選 **OK**。

STEP 11 劃分網格 (1)

點選 **Run**，不勾選 **Solve** 核選框並點選 **Run**。這將確保只劃分模型的網格。

STEP 12 建立截面繪圖 (1)

計算完成後，按滑鼠右鍵點選結果下的 cut plot 並選擇 **Insert**。

在 **Selection** 選項組中 **Section Plane or Planar Face** 選擇 CENTERLINE 基準面，點選 **OK**。

最終產生的網格包含大約 65000 個流體元素和 29800 個接觸實體的元素。這比採用自動設定產生的網格數量要少很多。可以看到薄擋板之間的縫隙周圍產生的網格分布很好，但是噴射器內部的網格顯得太疏鬆，無法完成可靠的計算。這也是我們非常感興趣的區域，因為我們很想知道氣體是如何從噴射器中冒出，以及在剩餘流體區域中流場是如何分布的，如圖 2-9 所示。

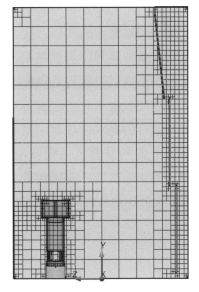

◉ 圖 2-9　網格 cut plot(2)

◆ **討論**

這個模型可以區分為兩個不同的部分：一個是包含薄擋板的寬大開發區域，另一個是包含細小幾何特徵的噴射器區域。這些區域差異很大，因為他們的網格也應不同。需要透過調節 **Level of initial mesh** 來解決這個問題。

2.7 　結果精度 / 初始網格的階數

Result Resolution 或 **Level of initial mesh** 選項可以透過網格設定和收斂準則來控制求解精度。使用者在指定結果的精度階數時，需要權衡所需的求解精度、可用的 CPU 時間以及電腦記憶體。由於該設定會影響到產生網格的網格數量，因此如果要想得到更準確的結果。就需要更長的 CPU 計算時間和更多的電腦記憶體。

> 提示　如果使用者在 **Minimum Gap Size** 和 **Minimum Wall Thickness** 中指定非常小的數值，網格的網格數量會暴增，從而導致更多的記憶體使用量和更長的 CPU 時間。

在使用 **Level of initial mesh** 滑塊時，使用者可以選擇七個階數中的其中一個，如圖 2-10 所示。第一個階數可以最快地獲得計算結果，但是其精度可能非常低。第七個階數可以獲得最精確的結果，但是需要更長的時間以達到收斂。設定能夠得到收斂結果的精度階數也取決於執行的是哪種任務。對絕大多數任務而言，可以從階數三開始計算，一般都能得到穩定的收斂結果。然而，某些類型的任務需要提高結果的精度階數（例如，在光滑曲面帶有離開表面的外部流動）。

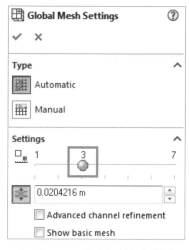

◉ 圖 2-10　設定初始網格階數

STEP 13 Initial Global Mesh 設定 (2)

與 STEP 3 類似，按滑鼠右鍵點選 **Global Mesh** 並選擇 **Edit Definition**。

調節 **Level of initial mesh** 到 5，點選 **OK**。

STEP 14 劃分網格 (2)

點選 **Run**，不勾選 **Solve** 核選框並選擇 **Run**。

STEP 15 建立截面繪圖 (2)

顯示之前產生的檔案 "Cut Plot 1"。新建的網格包含約 216000 個流體元素，以及 74400 個接觸實體的元素。這大大低於採用預設設定產生的網格數量。此外，噴射器內部的網格也分布很好，如圖 2-11 所示。

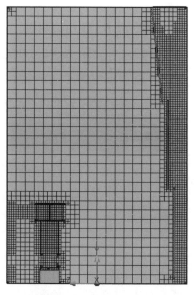

◉ 圖 2-11　網格 cut plot(3)

◆ **討論**

現在可以執行這個分析，然而 275000 個單元仍然偏多。此外，在很多流體變化不太明顯的區域，沒有必要劃分過多的網格。可以嘗試透過關閉 **Global Mesh and setting** 下的 **Automatic** 選項並手動設定網格來解決這個問題。

2.7.1　手動整體網格設定

整體網格的自動設定用於在整個計算域中控制網格選項。在整體網格設定中顯示 **Manual** 選項，可以提供給使用者四個選項來完成手動定義網格。

*   Basic Mesh（基本網格）。
*   Channels（通道）。
*   Refining Cells（加密網格）。
*   Advances Refinement（進階加密）。

◆ **網格類型**

SOLIDWORKS Flow Simulation 使用以下四種類型的立方體網格：

*   流體網格（Fluid cells）—整個網格都位於流體中。
*   實體網格（Solid cells）—整個網格都位於實體中。
*   部分網格（Partial cells）—網格的一部分位於流體中，而另一部份位於實體中。對於部分網格而言，它是由實體網格邊線、網格內的實體表面以及垂直於實體表面的部分相交而成。
*   不規則網格（Irregular cells）—沒有定義實體表面法向的部分網格稱之為不規格網格。

◆ **Basic Mesh（基本網格）**

Basic Mesh 設定可以定義基本網格是如何建立的。使用者可以在整體 X、Y 和 Z 方向指定多個網格，透過網格基準面將計算域切分成多個切片，從而形成基本網格。預設情況下，網格基準面是手動指定的，因此計算域的切分也是不均勻的。

◆ **Refining Cells（加密網格）**

Refining Cells 的設定詳述了每種網格類型的加密階數。

⬡ **Channels**（通道）

Channels 設定指定了對模型流道額外的網格加密。**Maximum Channels Refinement Level** 則定義了在基本網格中流道的最小網格尺寸，使用者可以在 Help 選單中找到更多有關這些設定的介紹。

⬡ **Advanced Refinement**（進階加密）

可以在 Help 裡面找到更多與定義加密 Small Solid Feature Refinement Level、Curvature Level，以及 Tolerance Level 相關設定的資訊。

⬡ **Advanced Narrow Channel Refinement**（進階通道加密）

Advanced Channel Refinement 選項位於 **Global Mesh** 的自動設定中。該選項會設定為預設的 **Maximum Channels Refinement Level**，該階數比 **Tolerance Refinement** 高一階。

STEP **16** 初始網格設定 (3)

與 STEP 3 類似，按滑鼠右鍵點選 **Global Mesh** 並選擇 **Edit Definition**。

點選 **Manual** 設定圖標 ▦。

在 **Channels** 中，設定 **Maximum Channels Refinement Level** 為 1。

這將減少薄擋板之間和腔體後壁的網格數量

點選 **OK**。

STEP **17** 劃分網格 (3)

點選 **Run**，不勾選 **Solve** 核選框並選擇 **Mesh**，然後選擇 **Run**。這將確保只劃分模型的網格。

STEP **18** 建立截面繪圖 (3)

顯示之前產生的檔案"Cut Plot 1"。新建的網格包含約 85750 個流體元素，以及 39800 個接觸的實體元素。噴射器區域的網格還是有點稀疏，特別是在入口附近，如圖 2-12 所示。

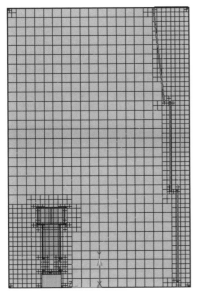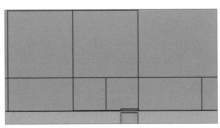

◉ 圖 2-12　網格 cut plot(4)

◉ **討論**

　　噴射器入口的網格分布仍不理想，需要找到一種方法，只對這個區域進行網格加密，而不影響其他地方的網格密度。要達到該目的，需要使用 SOLIDWORKS Flow Simulation 的 **Local Mesh**。

指令**TIPS**　**Local Mesh（局部網格）** 🔍

Local Mesh 選項的目的是在局部區域（實體或流體）對網格進行重新分布。局部區域可以透過零部件、面、邊線或頂點來定義。局部網格設定應用的對象是：所關注的零部件、面、邊線的所有單元或包圍所選頂點的一個單元。

如果使用者喜歡在整個流體區域產生網格，則需要用到 SOLIDWORKS 的實體特徵來代表流體。使用者必須記得稍後在 **Tools → Flow Simulation → Component Control** 中停止使用這個代表流體區域的實體零部件。一旦在 SOLIDWORKS Flow Simulation 中完成了停止使用操作，使用者就可以在 **Local Mesh** 選項中選擇代表流體區域的 SOLIDWORKS 零部件。

局部網格設定不會影響基本網格，但對基本網格也是相當敏感的，所有加密階數都是根據基本網格進行設定的。

操作方法

- 在 Flow Simulation 分析樹中，按滑鼠右鍵點選 **Mesh** 並選擇 **Insert Local Mesh**。
- 從工具→ **Flow Simulation** 選單中，點選 **Insert** → **Local Mesh**。
- 在 Flow Simulation Command Manager 中，點選 **Flow Simulation** → **Flow Simulation Feature** 🖼 → **Local Mesh** 🔲。

STEP 19 局部網格 (1)

從 **Tools** → **Flow Simulation** 選單中，點選 **Insert** → **Local Mesh**。

保持預設 **Reference** 🔲被選中狀態，選中噴射器的小入口面，或使用定義入口的 Boundary Condition 來選擇這個面。

提示 局部網格只能使用 Manual 設定。

在 **Refining Cells** 中，設定 **Level of Refining Fluid Cells** 和 **Level of Refining Cells at Fluid/Solid Boundary** 都為 7，如圖 2-13 所示。

點選 **OK**。

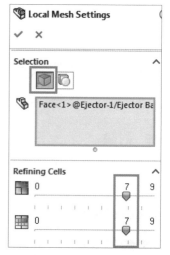

◉ 圖 2-13　局部網格設定

STEP 20 劃分網格 (4)

點選 **Run**，不勾選 **Solve** 核選框並選擇 **Mesh**，然後選擇 **Run**。這將確保只劃分模型的網格。

STEP 21 建立截面繪圖 (4)

顯示之前產生的檔案 "Cut Plot 1"，網格的數量略有增加，但在入口區域的網格分布更加細密，如圖 2-14 所示。

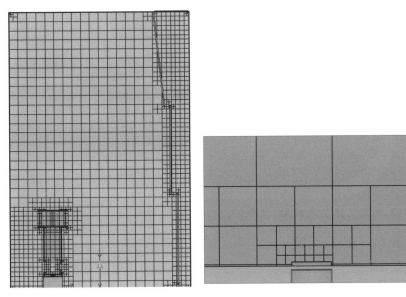

⊖ 圖 2-14　網格 cut plot(5)

2.8 控制平面

前面提到，透過平行和正交於整體座標系軸線的基準面，將計算域切分為許多立方體，而這些立方體就稱為基本網格。**Global Mesh** 中的 **Basic Mesh** 選項頁籤，主要設定這些平面是如何定義的。

預設狀態下，在模型的 X、Y、Z 方向有三個 **Control intervals**，以指定網格的分布。**Min** 和 **Max** 中的數值分別指定切分開始和結束的位置。圖 2-15 所示就是 X 方向預設的最大及最小控制平面。注意到它們都位於計算域的邊界上。

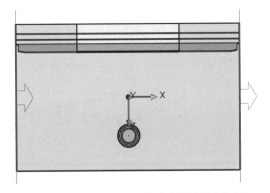

⊖ 圖 2-15　X 方向預設最大和最小控制平面

可以在計算域中增加更多的 **Control intervals**，以定義更多的切分平面。可以在視窗中點選任意點來定義平面的位置，也可以選擇現有參考幾何做為平面的位置。此外，使用者還可以透過編輯 **Number of cells** 或 **Ratio** 來指定網格的增長方式，如圖 2-16 所示。

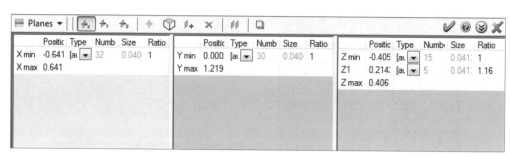

◉ 圖 2-16　設定控制間隔

◆ 討論

　　雖然產生的網格在入口周圍分布良好，但是在入口面的分布並不對稱，這可能帶來 Boundary Condition 方面的問題。網格最好是在小面積噴射器入口孔的中心為對稱分布的。因此，需要在孔的中心建立一個基準面，確保網格是沿著孔的中心進行切分的。

STEP 22 插入控制平面

　　與 STEP 3 類似，按滑鼠右鍵點選 **Global Mesh** 並選擇 **Edit Definition**。

　　點選 **Control Planes**。

　　因為我們希望增加一個基準面到指定位置，先將表格呈現方式從 **Intervals** 切換到 **Planes**。

　　因為我們希望建立的平面平行於 XY 基準面，點選 **Coordinate Z** 🔸。

　　因為我們還希望增加的平面通過入口的中心，點選 **Reference** ⬡，選擇噴射孔入口的圓形邊界，如圖 2-17 所示。

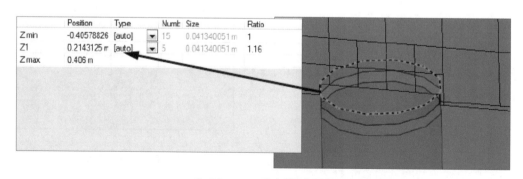

◉ 圖 2-17　建立控制平面

> 提示　如果控制平面的位置由它的 Z 座標值確定，則將會用到 **Add Plane** 🔸。

如果要查看增加的控制平面的間隔，則將表格呈現方式從 **Planes** 切換到 **Intervals**。控制 **Intervals** 列表當前在 Z 方向顯示兩組平面面組。第一組開始於計算域的一個端面，結束於孔的中心。第二組開始於孔的中心，結束於計算域的另一個端面。

在 **Control Planes** 對話框中點選 **OK**。

點選 **OK**，關閉 **Global Mesh and setting** 的 PropertyManager，如圖 2-18 所示。

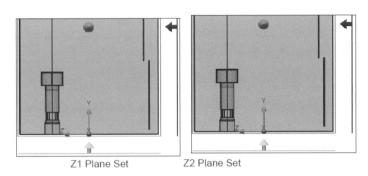

圖 2-18　Z 方向的兩組基準面

STEP 23 網格劃分 (5)

點選 **Run**，不勾選 **Solve** 核選框並選擇 **Run**，這將確保只劃分模型的網格。

STEP 24 建立截面繪圖 (5)

顯示之前產生的檔案："Cut Plot 1"，這次產生的網格和上次的結果非常相似，然而這次的網格元素是沿入口小孔對稱分布的，如圖 2-19 所示。

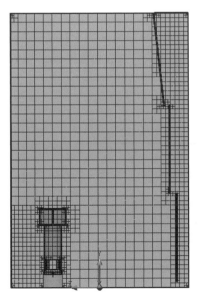
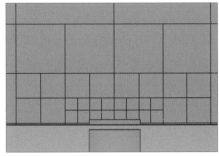

圖 2-19　網格 cut plot(6)

● **討論**

如果再建立一個根據 Top 基準面的 cut plot，可以看到網格沿著 XZ 基準面也是對稱的，如圖 2-20 所示。

採用這些網格設定，可以對模型的幾何進行正確地分解。當產生一套網格時，正確分解模型的幾何是非常重要的，然而能夠正確捕捉細小流動特性的區域網格劃分也同樣重要。一小股氣流透過小孔流入噴射器中。這意味著這個噴射器內部的細小流動特性可能無法呈現在整個模型中。需要再一次對噴射器使用 **Local Mesh**，在整個模型的網格不暴增的前提下，正確劃分噴射器的網格。為了達到這一目的，必須建立一個包裹住噴射器的 SOLIDWORKS 零件，以定義局部網格的區域。

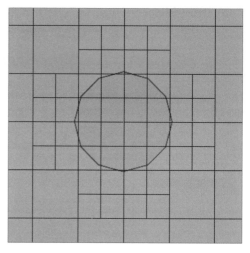

● 圖 2-20　TOP 基準面的 cut plot

STEP 25 恢復抑制零件

在 FeatureManager 設計樹中按滑鼠右鍵，點選零件 Local Mesh2 並選擇**恢復抑制**。

這時會彈出一個錯誤訊息，告訴使用者入口體積流量的條件不再和流體區域相關聯。

點選兩次**關閉**以關閉這個錯誤訊息。

● **討論**

出現這個錯誤訊息的原因是，新建的 Local Mesh2 零件完全包裹住了噴射器，並影響了其餘流體區域中噴射器入口的 Boundary Condition。這裡只是想利用 Local Mesh2 零件來定義局部網格而已，並不會在計算中包含該實體。

指令TIPS　Component Control（組件控制） 🔍

如果使用者不想包含 SOLIDWORKS 幾何在模擬計算中，則必須使用 **Component Control** 來停止使用該零件。在流體區域由一個 SOLIDWORKS 零件來定義局部網格時，經常會碰到這種情況，如圖 2-21 所示。

在沒有實體存在的區域設定 **Goal** 時，也將碰到這種情況。如果需要設定這種目標，則必須建立一個虛擬的 SOLIDWORKS 零件，以標明關注的區域。該目標將設定在區域的表面，然後再使用 **Component Control** 將此區域停止使用。

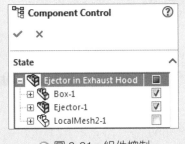

⊙ 圖 2-21　組件控制

操作方法

- **Flow Simulation** 選單中，選擇 **Component Control**。
- 在 Flow Simulation 分析樹中，按滑鼠右鍵點選 **Input Data** 並選擇 **Component Control**。

STEP 26 Component Control

在 **Flow Simulation** 選單，選擇 **Component Control**。

取消勾選組件 Local Mesh2 旁邊的核選框，該組件將被視為虛擬流體區域。

點選 **OK** 以關閉 **Component Control** 屬性框。

STEP 27 Rebuild

按滑鼠右鍵點選 Flow Simulation 分析樹中 Flow Simulation 的專案名稱 "Mesh1"。選擇 **Rebuild** 進行重建。

STEP 28 局部網格 (2)

從 **Flow Simulation** 選單中，選擇 **Insert → Local Mesh**。從 FeatureManager 設計樹中選擇 Local Mesh2。

在 **Channels** 中，指定 **Characteristic Number of Cells Across Channel** 為 15。拖動滑塊設定 **Maximum Channels Refinement Level** 為 3。點選 **OK**。

> **提示**　當在流體區域使用一個零件來建立 **Local Mesh** 時，該組件在 **Component Control** 中是被停止使用的。

STEP> 29 部分網格 (6)

點選 **Run**，不勾選 **Solve** 核選框並選擇 **Run**，這將確保只劃分模型的網格。

STEP> 30 建立截面繪圖 (6)

顯示之前產生的檔案 "Cut Plot 1"，該網格包含約
115000 個流體元素和 48000 個包含實體的元素。該網格
在噴射器中的細小幾何及流動特性方面都處理得很好，
如圖 2-22 所示。

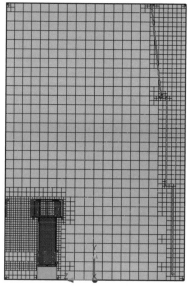

⊙ 圖 2-22 網格 cut plot(7)

◆ **討論**

STEP 29 之後的網格已經可以用於獲得可靠的結果。有些時候，手動設計出的網格並
不一定是最有效率的方法，可以考慮使用自動網格加密和粗化的方法。

指令TIPS 自適性網格

在複雜區域，為了獲得更高的精度，特別是存在高梯度的區域，可以使用自適性網
格。當開啟自適性網格時，軟體會根據局部梯度和其他求解特徵自動地加密或粗化網
格。自適性網格可以應用於整個區域，或只針對局部區域。

操作方法

- 快捷選單：在 Flow Simulation 分析樹中，按滑鼠右鍵點選 **Input Data**，選擇
  Calculation Control Options 並選擇 **Refinement** 選項頁籤。
- 選單：工具→ **Flow Simulation** → **Calculation Control Options**。
- Commander Manager：**Flow Simulation** → **Calculation Control Options** ，並
  選擇 **Refinement** 選項頁籤。

STEP> 31 自適性網格

按滑鼠右鍵點選 **Input Data**，選擇 **Calculation Control Options**，點選 **Refinement** 選項頁籤。

保持自適性加密的 **Global Domain** 為 **Disabled**。

展開 **Local Regions**，對 **Local Mesh2** 指定 **Level=2**。

設定 **Approximate maximum cells** 數量為 750000。

Refinement strategy 選擇 **Periodic**。

保持其餘選項為預設設定。

點選 **OK**。

提示　Level 的設定可以控制初始網格元素（當前指的是 STEP 29 中設定的結果）可以劃分的次數，以達到結果自適性加密的標準，從而控制最小計算網格元素的尺寸。

STEP> 32 執行專案

現在，為了查看加密後的網格，需要進行計算來劃分網格。

由於需要的時間較長，範例已經事先計算出結果，下面將使用這些結果來進行後處理。

STEP> 33 切換專案

切換到專案 completed。

STEP> 34 加載結果

按滑鼠右鍵點選 **Results** 指令並選擇 **Load**。

STEP **35** 建立截面繪圖 (7)

顯示之前建立好的 "Cut Plot 1"，網格進行了
更徹底地加密，如圖 2-23 所示。

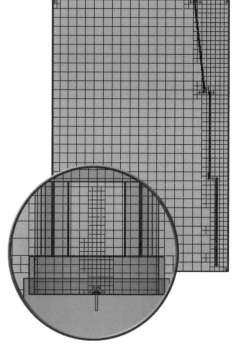

◑ 圖 2-23　網格 cut plot(8)

從局部放大的視圖中看到，在靠近噴射器入
口的地方有更多網格，如圖 2-24 所示。

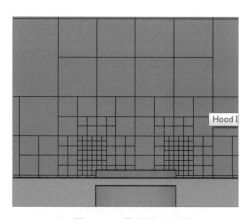

◑ 圖 2-24　局部放大視圖

STEP▶ **36** 查看網格參數

　　為了確定最終網格的數量，按滑鼠右鍵點選 **Results** 指令並選擇 **Summary**。網格包含大約 138000 個流體元素，以及 49900 個接觸實體的元素。在檢測到高梯度的區域，自適性算法有效地劃分了網格，如圖 2-25 所示。

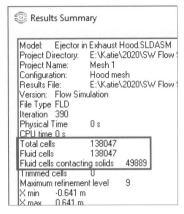

◉ 圖 2-25　查看網格參數

STEP▶ **37** 查看結果檔案參數

　　當然，使用者也可以透過已有的 **Results** 檔案直接獲取網格元素的數量。

　　按滑鼠右鍵點選 **Results** 指令並選擇 **Load from file**。指令中包含 *.cpt 和 *.fld 檔案。點選它們中的任一個檔案，在右側窗口中可以查看其摘要訊息。

　　r_000000.cpt 包含初始的網格，網格的數量等於 STEP 30 中的值。

　　"r_000000.fld" 包含初始的流動結果。其餘的 "r_xxxxxx.fld 和 r_xxxxxx.cpt" 檔案是求解器在得到結果的求解過程中產生的中間檔案。在這裡，它們對應著網格被自適性算法加密的記錄。點選 r_xxxxxx.fld 檔案，可以查看網格被加密迭代時對應的網格數量，點選 r_xxxxxx.cpt 檔案，則可以查看每次迭代開始時的網格數量。類似地，1.cpt 檔案包含最後一次迭代開始時的網格。

　　"1.fld" 包含最後的收斂結果以及最終的網格，如圖 2-26 所示。點選該檔案，可以查看最終的網格數量大約為 138000，這在 STEP 36 中已經顯示過了。

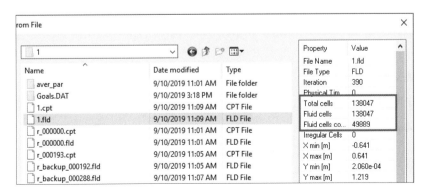

◉ 圖 2-26　結果檔案參數

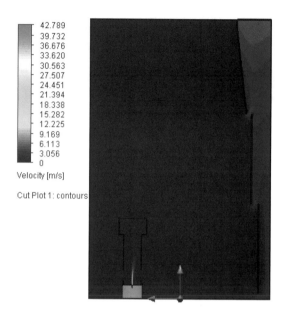

STEP 38 產生速度 cut plot

定義一個新的 **cut plot** 顯示 **velocity**。選擇 CENTERLINE 基準面，如圖 2-27 所示。

在這個 cut plot 中可以很容易觀察到更高的流體速度。

◉ 圖 2-27　速度 cut plot

指令TIPS　Scenes

運用 Scenes 保存所有顯示圖的模型方向、縮放、透明度和零件可見性設置。Scenes 可以建立著重在研究的特定方面的視圖。Scenes 適合大型、複雜的特定領域流動研究。

Scenes 內的 **Save As** 可以將繪圖另存為圖像文件。**Copy To Project** 可將此 Scenes 設置的繪圖複製到新專案。

Create Scene Template 將活動場景保存為模板。保存的模板保留模型方向、顯示和縮放設置。可使用 Scene 模板在批次結果處理中建立場景。

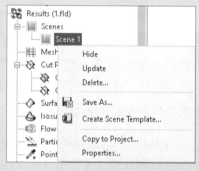

◉ 圖 2-28　加入 Scenes

操作方法

- 快捷選單：在 Flow Simulation 分析樹中，選擇 **Results**，按滑鼠右鍵點選 **Scenes** 並點選 **Insert**。

- 選單：**Tools → Flow Simulation → Results → Insert → Scenes** ▦。

- Commander Manager：**Flow Simulation → Insert → Scenes** ▦。

STEP 39 建立場景圖

放大圖片到微小的開口，觀察流體如何通過微小管道。

按滑鼠右鍵點選 **Scenes** 並點選 **Insert**。

保存 STEP 38 中建立的切割圖為 Scene 1。

STEP 40 隱藏場景圖

按滑鼠右鍵點選 Scenes 1 並點選 **Hide**。更改模型方向並縮小。

STEP 41 Scene 1

按滑鼠右鍵點選 Scenes 1 並點選 **Show**。可在繪圖區域顯示先前的後處裡繪圖設置，如圖 2-29 所示。

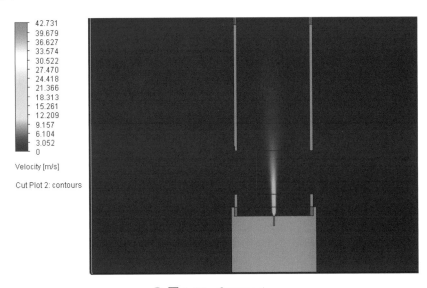

圖 2-29 Scenes 1

STEP 42 儲存並關閉資料夾

2.9 總結

本章的總體目標是介紹在使用 Flow Simulation 時，如何產生品質好的網格選項。儘管使用自動的網格設定能滿足絕大多數的模型，但是當模型含有多個區域需要不同的網格設定時就顯得不適用了。在這種情況下，如果還採用自動的網格設定，則可能需要耗費巨大的電腦資源，從而導致問題無法求解。為了解決這個問題，本章介紹了如何手動設定網格。

本章介紹如果要保有網格品質，必須對模型幾何進行正確劃分，還需要對流動特性進行精確解析，使用局部網格來正確解析模型的幾何和流動特性。

必須牢記，像噴射器這類的幾何，要想產生一套適用的網格可能是非常困難的。當定義網格設定時，本章中採用的常用技術就是試誤法。

還有一點也是非常重要的，即流體模擬的結果精度很大程度上取決於網格的品質。多花點時間放在使用手動設定或局部網格上面，確保正確地求解模型的幾何和流動特性，不但可以得到更加精確的結果，而且相比自動設定而言可以減少更多的計算時間。

自適性網格的算法可以幫助在求解過程中漸進地加密和粗化網格。對可能存在高梯度的複雜幾何而言，這個特徵顯得非常實用。

練習 2-1 方管

在這個練習中，需要為一個方管的流動分析產生網格。本練習將應用以下技術：

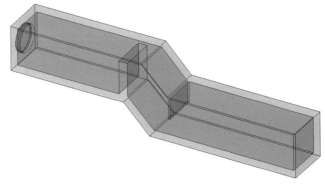

- 計算網格。

- 幾何解析。

- 進階通道加密。

- 局部網格。

◉ 圖 2-30　方管

⬡ 專案描述

圖 2-30 所示的方管包含兩個間隔板，將方管分隔成三個部分。該模型已經被簡化，而且在入口處已經建好了封蓋。

因為只需要研究網格控制，所以定義好了一個只用於網格劃分的模擬，而不用於分析。

操作步驟

STEP 1　開啟組合件檔案

從 Lesson02\Exercises\Square Ducting 資料夾中開啟檔案 "Mesh exercise"。

STEP 2　顯示專案

開啟專案 Mesh1。當顯示這個專案時，使用者應該可以看到 Flow Simulation 分析樹的選項頁籤，而且案例 Mesh1 已經透過 **Wizard** 定義完畢，如圖 2-31 所示。

其實還可以對之前的分析設定做必要的修改，然而在本案例中，只需要劃分模型的網格。

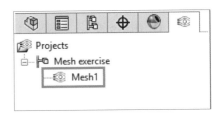

◉ 圖 2-31　顯示專案

STEP 3 查看幾何內的小縫隙

使用測量工具來檢測模型中小縫隙的尺寸。在稍後定義網格設定時，將用到這個測量數值。

選擇組成小縫隙的兩個表面，可以看到獲得的縫隙大小為 0.15in，如圖 2-32 所示。預計在這個縫隙處會發生壓力降低、速度升高的現象，因此這是流動模型中非常關鍵的一個特徵。

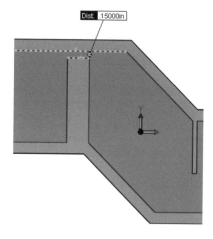

◉ 圖 2-32 測量最小縫隙

STEP 4 查看幾何中的薄壁

另一個重要的特徵是薄壁，透過所選邊線，得到的厚度為 0.10in，如圖 2-33 所示。

採用最新的算法，在求解中採用特殊算法的元素，可以在 Flow Simulation 中得到薄壁正確的計算結果。儘管如此，當有需要時，還是可以使用 **Minimum Wall Thickness** 的參數。

在這個練習中，我們將學習在初始網格中定義薄壁尺寸。

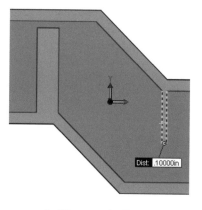

◉ 圖 2-33 測量薄壁

STEP 5 顯示薄壁選項

開啟 **Tools → Flow Simulation → Tools → Options**。

在 **Options** 窗口中展開 **General Options**，設定 **Show/Hide Wall Thickness** 為 **Show**。點選 **OK**，關閉 **Options** 窗口。

STEP 6 改變初始網格設定

在 Flow Simulation 分析樹中，展開 **Input Data** 下方的網格指令，按滑鼠右鍵點選 **Global Mesh** 並選擇 **Edit Definition**。

在 **Level of initial mesh** 設定中，選擇階數 3。

STEP 7 設定最小縫隙尺寸和壁面厚度

點選 **Minimum Gap Size** ⚏ 並輸入數值 0.15in，點選 **Enable Minimum Wall Thickness** ⚏ 並輸入 0.1in，如圖 2-34 所示。

◉ 圖 2-34 整體網格設定

STEP 8 不求解只劃分網格 (1)

在 Flow Simulation 分析樹中，按滑鼠右鍵點選 Mesh 1 並選擇 **Run**，不勾選 **Solve** 核選框。

預設情況下已經勾選了 Load results 核選框，再次確認該選項已被選中。

點選 **Run**。

 提示 結果將被自動載入。

STEP 9 建立截面繪圖

在 Flow Simulation 分析樹中，按滑鼠右鍵點選結果下方的 cut plot，然後選擇 **Insert**。請確認在 **Section Plane or Planar Face** 域中選擇了 Front 平面。

在 **Display** 選項組中點選 **Mesh**，如圖 2-35 所示。

點選 **OK**。

圖解產生後，請縮放至包含小縫隙和薄壁的區域。注意，穿過縫隙的方向只存在兩個網格，但是對這樣小的縫隙，如果要捕捉這裡的流動梯度，則至少需要劃分三個網格（推薦至少要四個網格）。

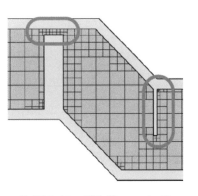

◉ 圖 2-35 產生的 cut plot(1)

STEP 10 隱藏 cut plot

隱藏 STEP 9 中建立的 cut plot。

STEP 11 產生 Channels 尺寸繪圖

按滑鼠右鍵點選結果下方的網格，然後選擇 **Insert**。在 **Display** 下方選擇 **Channels**，然後點選 **OK**，如圖 2-36 所示。

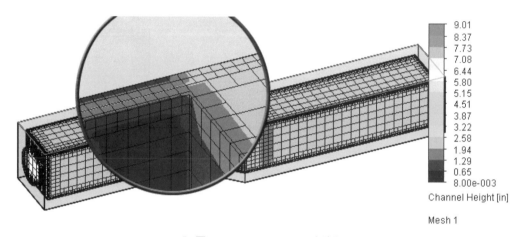

⊙ 圖 2-36　Channels 尺寸繪圖

圖例顯示出 Channel 尺寸可以被 Flow Simulation 理解。這個圖解應當被用於確定狹長區域，即有可能需要劃分更多網格的區域。前面步驟中確定的狹長通道在這裡以深藍色表示，如圖所示。

STEP 12 檢視 Trimmed Cells 缺陷網格和 irregular cells 不規則網格

為了方便理解，可以透過顏色的顯示來區分不同類型的網格。要做到這一點，編輯 STEP 11 中建立的圖解。

在 **Display** 下方選擇 **Cells**，在 **Cells** 下方選擇 **Trimmed Cells**。點選 **OK**，將會彈出如下訊息："**No Trimmed Cells are detected**"。

這是因為這個模型非常小，不需要 Trimmed Cells。一般來說，這個選單選項非常容易地識別 Trimmed Cells 或 irregular cells，這可以幫助我們在有潛在問題的區域透過網格加密工作來解決問題。點選 **OK** 關閉這條訊息。

STEP **13** 查看基本網格加密階數

使用者還可以查看在基本網格元素上應用了多少次加密來產生初始網格。要做到這一點，我們再次編輯 STEP 11 中建立的圖解。

在 **Display** 下方選擇 **Plots**。在 **Section** 下方點選 **Reference** ⬡，然後選擇 Front 基準面。在 **Color By** 下方選擇 **Refinement level**，如圖 2-37 所示。點選 **OK**。

◉ 圖 2-37　Color By－Refinement level

藍色區域表明基本網格元素沒有加密。這些元素是初始的基本網格元素。紅色區域表明對基本網格元素採用加密階數為 3 的最高要求（STEP 6 中定義的值），如圖 2-38 所示。

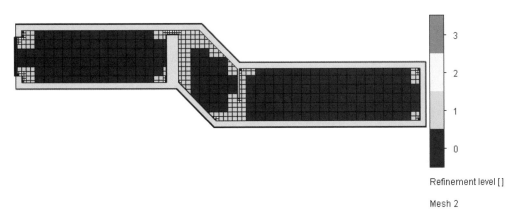

◉ 圖 2-38　網格加密階數圖解

(1) **進階通道加密**：嘗試使用自動設定中其他選項來改善網格品質，即使用 **Global Mesh and setting** PropertyManager 下的 **Advanced Refinement**。

STEP 14 加密網格

按滑鼠右鍵點選 **Global Mesh** 並選擇 **Edit Definition**。

勾選 **Advanced Refinement** 核選框，點選 **OK**。

STEP 15 不求解只劃分網格 (2)

在 Flow Simulation 分析樹中，按滑鼠右鍵點選 Mesh 1 並選擇 **Run**。不勾選 **Solve** 核選框。確認已經勾選了 **Load results** 核選框。勾選 **Mesh** 核選框，點選 **Run**。

> 提示　結果將被自動載入。

STEP 16 顯示 cut plot 並查看網格 (1)

顯示在 STEP 9 中建立的 cut plot，如圖 2-39 所示。

再次縮放至小縫隙的區域，壁面附近的網格分布得更加合理，而且在穿過縫隙的方向存在 5 個網格。這比之前產生的網格品質要好，但是也帶來了網格數量增多和計算時間加長等問題。

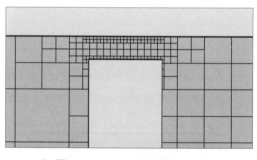

◉ 圖 2-39　顯示的網格 cut plot(1)

如果模型不像範例這樣簡單的話，使用 **Advanced Refinement** 方法可能會導致計算時間暴增。網格數量和求解時間並不存在線性關係，由於流體動力學的特性，求解時間可能比線性結果更長。

(2) **局部網格**：事先在組合件中產生了一個名為 "local_initial_mesh" 的零件，並以此來定義局部網格（Local Mesh）。已經存在 Flow Simulation 案例中透過 **Component Control** 將此零件隱藏並停止使用。

STEP 17 顯示局部初始網格區域

在 FeatureManager 設計樹中，顯示名為 "local_initial_mesh" 的零件如圖 2-40 所示。

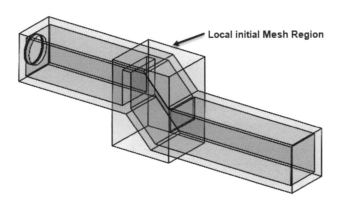

◉ 圖 2-40　顯示局部初始網格區域

> **提示**　在定義 **Local Mesh** 之前，通常需要在案例中使用 **Component Control** 來停止使用零件。要完成這個操作，按滑鼠右鍵點選 Flow Simulation 分析樹下的 **Input Data** 並選擇 **Component Control**。然後，取消勾選需要停止使用組件的核選框。

STEP 18 定義局部初始網格

在 Flow Simulation Command Manager 中，展開 **Flow Simulation Features** 🔲 並選擇 **Local Mesh** 📦。

請確認 **Reference** ⬜ 處於選中狀態。從 FeatureManager 設計樹中，選擇與 local_initial_mesh 零件對應的實體。

點選 **Channels** 選項頁籤將其展開。在 **Characteristic Number of Cells Across Channel** 中輸入 8，並將 **Maximum Channels Refinement Level** 提升到 7，點選 **OK**。

STEP 19 修改整體網格設定

按滑鼠右鍵點選 **Global Mesh** 並選擇 **Edit Definition**。

不要顯示 **Minimum Gap Size** 和 **Minimum Wall Thickness**，取消勾選 **Advanced channel Refinement** 核選框。點選 **OK**。

STEP 20 不求解只劃分網格 (3)

在 Flow Simulation 分析樹中，按滑鼠右鍵點選 Mesh 1 並選擇 **Run**，不勾選 **Solve** 核選框。

確認已經勾選了 **Load results** 核選框。勾選 **Mesh** 核選框，點選 **Run**。

STEP 21 顯示 cut plot 並查看網格 (2)

顯示 STEP 9 中建立的 cut plot，如圖 2-41 所示。

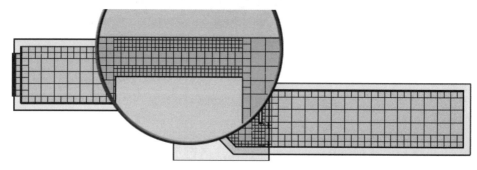

● 圖 2-41　顯示的網格 cut plot(2)

注意到局部初始網格區域的網格已經加密了很多，然而在遠離該區域的地方，網格仍然比較稀疏。如果對象是一個包含多個關鍵區域的複雜模型，則使用該選項將減少計算時間。不重要的區域可以用較粗的設定劃分網格，而重點區域可以將網格劃分得更精細一些。

STEP 22 關閉該模型

練習 2-2 薄壁箱

在本練習中，需要使用薄壁最佳化特徵，對一個薄壁箱進行一次分析。本練習將應用以下技術：

- 幾何解析。

● **專案描述**

水從一個包含多個薄壁的零件中流過，如圖 2-42 所示。水從箱體背面的入口流入，並從箱體底部的開口流出。

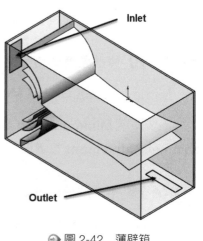

● 圖 2-42　薄壁箱

操作步驟

STEP 1 開啟零件

從 Lesson02\Exercises\Thin Walled Box 資料夾中開啟檔案 "box"。確認模型組態 "Default" 處於顯示的狀態。

STEP 2 新建專案

使用 **Wizard**，按照表 2-2 的參數新建一個專案。

表 2-2　專案設定

Configuration name	新建："Thin Wall Optimization"
Project name	"Project 1"
Unit system	**SI(m-kg-s)**
Analysis Type	**Internal**
Database of Fluid	在 **Fluids** 列表中，在 **Water** 上按滑鼠兩下
Wall conditions	預設值
Initial conditions	預設值，點選 **Finish**

Flow Simulation 具有現代演算法、薄壁優化、解決薄壁（如擋板）附近的規則流動，而不會過多網格細化。Thin Wall Optimization 選項可以解析薄壁特徵，而無須對薄壁周圍進行任何形式的手動網格加密，因為薄壁的兩個面都可能位於同一個網格內。薄壁區域的網格包含不止一個流體體積和（或）實體體積。在計算過程中，每個這樣的體積都有獨立的一組參數，而這組參數的值則取決於它的類型（流體或實體）。

STEP 3 設定整體網格參數

在 SOLIDWORKS Flow Simulation 分析樹中，在 **Input Data** 下方展開網格指令，按滑鼠右鍵點選 **Global Mesh** 並選擇 **Edit Definition**。保持 **Level of initial mesh** 為 3。

STEP 4 設定入口 Boundary Condition

在 SOLIDWORKS Flow Simulation 分析樹中，展開 **Input Data** 目錄，按滑鼠右鍵點選 Boundary Condition 並選擇 **Insert Boundary Condition**。

選擇入口封蓋的內側表面，如圖 2-43 所示。

點選 **Flow Openings** 並選擇 **Inlet Velocity**。

在 **Flow Parameters** 選項組中，在 **Normal to face** 方向輸入 0.5m/s。

點選 **OK** 以保存該 Boundary Condition。

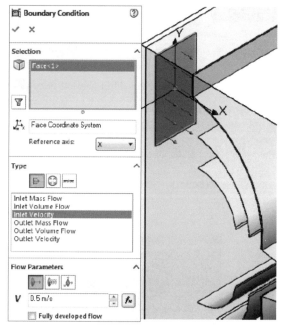

🔵 圖 2-43　設定入口 Boundary Condition

STEP 5　設定出口 **Boundary Condition**

在 SOLIDWORKS Flow Simulation 分析樹中，展開 **Input Data** 目錄，按滑鼠右鍵點選 Boundary Condition 並選擇 **Insert Boundary Condition**。

選擇出口封蓋的內側表面，如圖 2-44 所示。

點選 **Pressure Openings** 並選擇 **Static Pressure**。在這個案例中，採用預設的出口應力（101325Pa）及溫度（293.2K）。點選 **OK**。

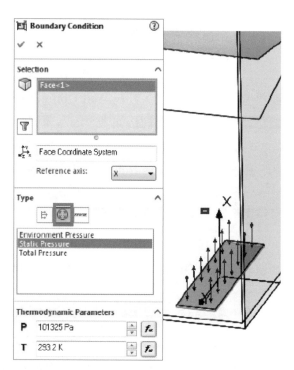

🔵 圖 2-44　設定出口 Boundary Condition

6 插入表面目標

在 **Input Data** 下方，按滑鼠右鍵點選 **Goals** 並選擇 **Insert Surface Goals**。

選擇入口面。使用者也可以在定義目標前，從 Flow Simulation 分析樹中點選 Boundary Condition Inlet Velocity 1 定義好的邊界條件，將自動載入正確的面。

在 **Surface Goals** 屬性框中，在 **Parameter** 中勾選 **Static Pressure** 該行的 **Av** 平均值核選框，如圖 2-45 所示。

◎ 圖 2-45　設定表面目標

> **提示**　Use for Conv. 核選框已經勾選上，意味著所建立的目標將用於收斂控制。

點選 **OK**。在 SOLIDWORKS Flow Simulation 分析樹的 **Goals** 下，將出現一個新的項目—SG Av Static Pressure 1。

 7 在出口面對質量流率插入表面目標

按滑鼠右鍵點選 **Input Data** 下方的 **Goals**，選擇 **Insert Surface Goals**。

選擇出口面。使用者也可以從 Flow Simulation 分析樹中點選 Boundary Condition Static Pressure1，將自動載入正確的面。

在 **Parameter** 選項組中，勾選 **Mass Flow Rate** 核選框。

點選 **OK**。

> **提示**　Use for Conv. 核選框將被自動勾選。點選 **OK**。

 8 執行分析

按滑鼠右鍵點選 Project 1 並選擇 **Run**，以開啟 **Run** 對話框。

確保已經勾選了 **Load results** 和 **Solve** 核選框。

點選 **Run**。

提示　使用者可以在 Solve 對話框窗口中監測求解過程。求解器將計算大約為 5min，當然這也取決於處理器的速度。

與"第 1 章"中說明的一樣，如果選擇了 **Load results** 選項，則求解完成後將自動載入結果供後處理使用。

STEP 9　查看網格

按滑鼠右鍵點選 cut plot 並選擇 **Insert**。選擇 Front Plane 作為切平面，並在 **Offset** 中指定 0.005m。

確認沒有選擇 **Contours**，選擇 **Mesh**。

點選 **OK**，如圖 2-46 所示。

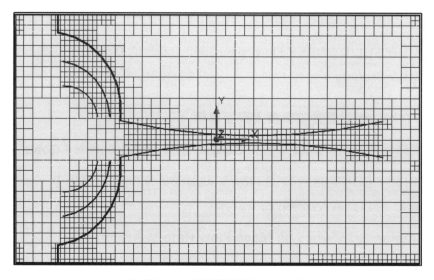

◉ 圖 2-46　顯示的網格 cut plot(3)

提示　產生的網格在薄的擋流板附近看上去很稀疏。很多網格從薄壁一側的流體跨到了另一側的流體。一般情況下，如果沒有使用 Thin Wall Optimization 的演算法，這樣的網格品質是無法接受的，因為不能保證正確地解析兩側的流體。而且，由於固壁熱傳導的要求，在穿越壁厚的方向需要劃分多個實體網格。這樣的設定將使得網格數量和計算時間大增。由於 Thin Wall Optimization 功能，則可以接受當前的網格分布，而且可以保證獲得正確的流體結果以及在壁中的傳熱結果。

STEP▶ **10** 產生速度 cut plot

按滑鼠右鍵點選 Cut Plot 1 並選擇 **Edit Definition**。取消選擇 **Mesh**，點選 **Contours**。

選擇 **velocity** 作為圖解中顯示的參數。提高 **Number of Levels** 至 50，點選 **OK**，如圖 2-47 所示。

在擋流板之間的狹窄部分，其最高速度高達 1.24m/s。

◉ 圖 2-47　速度 cut plot

STEP▶ **11** 隱藏 cut plot

按滑鼠右鍵點選 Cut Plot 1 並選擇 **Hide**。

STEP▶ **12** 插入流線軌跡

按滑鼠右鍵點選流線軌跡並選擇 **Insert**。在 SOLIDWORKS Flow Simulation 分析樹中，點選 Static Pressure1 項目以選擇出口的內側表面。點選 **OK**，如圖 2-48 所示。

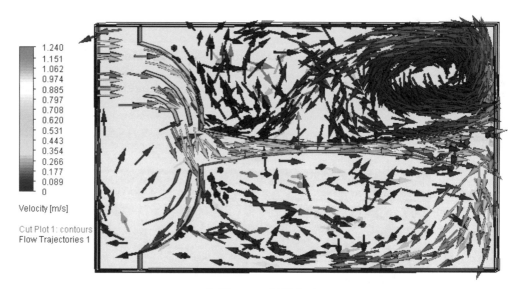

⊙ 圖 2-48 流線軌跡

STEP **13** 卸載結果

按滑鼠右鍵點選結果並選擇 **Unload Results**。

> 提示　如果希望獲得一組不同的後處理結果（如果存在的話），這一步才有必要。

練習 2-3 散熱器

在這個練習中，需要為一個散熱器的分析建立網格，如圖 2-49 所示。本練習將應用以下技術：

· 介紹：局部網格。

· 控制平面。

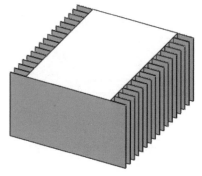

⊙ 圖 2-49　散熱器

◆ **專案描述**

實體部分是發熱的，如果要評估散熱片的性能，必須為這個分析產生一套合適的網格。為了完成此任務，將採用並評估兩項技術：控制平板和薄壁面最佳化。透過模型的結果和計算的時間來評估每項技術的可靠性。

|操作步驟|

STEP 1 **開啟組合件檔案**

從 Lesson02\Exercises\Heat Sink 資料夾中開啟檔案 "heat sink"。

STEP 2 **顯示正確的模型組態**

啟用 optimization 專案，跟隨的模型組態將自動被啟用。該專案已預先定義好設定條件。首先，採用薄壁面最佳化的選項來劃分模型的網格。

STEP 3 **查看幾何**

為了正確加載網格設定，必須先查看該幾何，找出最小縫隙尺寸和最小壁面厚度，輸入初始網格設定中。

最小縫隙尺寸為 0.700in，最小壁面厚度為 0.050in，如圖 2-50 所示。

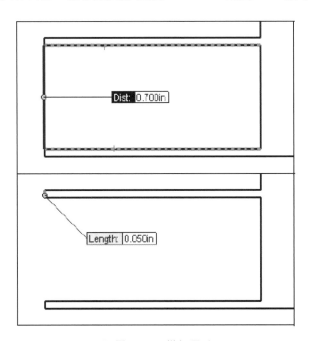

◈ 圖 2-50 幾何尺寸

STEP 4 更改 Initial Global Mesh

按滑鼠右鍵點選 **Global Mesh** 並選擇 **Edit Definition**。保持 **Level of initial mesh** 為 3。設定 **Minimum Gap Size** 為 0.7in。設定 **Minimum Wall Thickness** 為 0.05in。點選 **OK**。

STEP 5 不求解只劃分網格 (1)

在 Flow Simulation 分析樹中，按滑鼠右鍵點選 optimization 並選擇 **Run**。

不勾選 **Solve** 核選框。

預設情況下已經勾選了 **Load results** 核選框，再次確認該選項已被選中。

點選 **Run**，求解結束時，將產生大約 135000 個網格。

STEP 6 建立截面繪圖 (1)

在 Flow Simulation 分析樹中，按滑鼠右鍵點選結果下方的 cut plot，然後選擇 **Insert**。

請確認在 **Section Plane or Planar Face** 選項中選擇了 Top Plane。

在 **Offset** 中輸入 1in。在 **Display** 下方點選 **Mesh**。點選 **OK**，結果如圖 2-51，圖 2-52 所示。

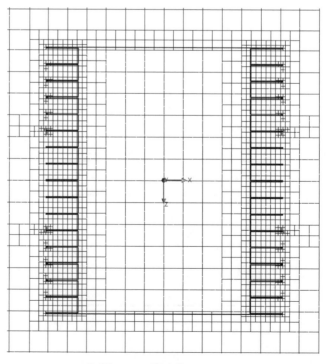

◉ 圖 2-51　產生的 cut plot(1)

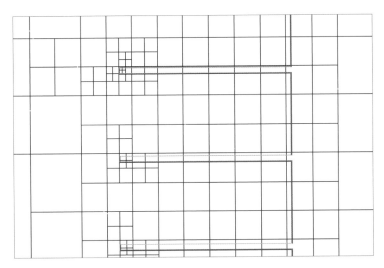

◈ 圖 2-52　產生的 cut plot(1)

Flow Simulation 在薄壁周圍加密了網格。然而請注意，有些網格仍然很粗大。由於採用了最新的算法，所以沒有必要在模型中產生更多的網格來解析細小特徵。

STEP 7　啟用 control planes 專案

啟用專案 control planes。與之關聯的模型組態將自動顯示。這個專案已經預先定義好了條件。我們將使用局部初始網格，確保隙縫可以得到妥善處理，並使用控制平面來解析薄壁。

STEP 8　Initial Global Mesh

按滑鼠右鍵點選 **Global Mesh** 並選擇 **Edit Definition**。在 **Type** 下方切換至 **Manual** 設定。在 **Basic Mesh** 選項頁籤中，設定每個方向的 **Number of cells**，如表 2-3 所示。

表 2-3　設定網格數

選項	網格數
NUMBER OF CELLS PER X	42
NUMBER OF CELLS PER Y	49
NUMBER OF CELLS PER Z	88

顯示 **Refining Cells** 選項頁籤。選擇 **Level of Refining Cells at Fluid/Solid Boundary** 為 2。保持該選項頁籤中其餘參數為預設值。顯示 **Channels** 選項頁籤。設定 **Characteristic Number of Cells Across Channel** 為 5。

顯示 **Advanced Refinement** 選項頁籤。設定 **Small Solid Feature Refinement Level** 為 1。保持該選項頁籤中其餘參數為預設值。

STEP 9 定義控制平面

繼續定義整體網格。在 **Basic Mesh** 選項頁籤中點選 **Control Planes**。在 X 和 Y 方向編輯已有控制平面,在 Z 方向編輯和增加控制平面,如圖 2-53 所示。

點選 **OK**。

	Min	Max	Type	Num	Size	Ratio
X min - X1	-13.78 in	-3.92 in	[auto]	15	0.675692244 in	1.05694754
X1 - X2	-3.92 in	0 in	[auto]	6	0.593918425 in	-1.205
X2 - X3	0 in	3.92 in	[auto]	6	0.71577878 in	1.20518031
X3 - X max	3.92 in	13.78 in	[auto]	15	0.639286457 in	-1.057

	Min	Max	Type	Num	Size	Ratio
Y min - Y1	-7.87 in	0.06 in	[auto]	9	0.862433898 in	-1.044
Y1 - Y2	0.06 in	3 in	[auto]	5	0.841181142 in	2.21305868
Y2 - Y3	3 in	5.94 in	[auto]	5	0.380098898 in	-2.213
Y3 - Y max	5.94 in	39.37 in	[auto]	30	0.878238858 in	-1.58

	Min	Max	Type	Num	Size	Ratio
Z9 - Z10	0.025 in	0.775 in	[auto]	2	0.394010748	1.10680515
Z10 - Z11	0.775 in	1.525 in	[auto]	2	0.375 in	1
Z11 - Z12	1.525 in	2.275 in	[auto]	2	0.375 in	1
Z12 - Z13	2.275 in	3.025 in	[auto]	2	0.375 in	1
Z13 - Z14	3.025 in	3.775 in	[auto]	2	0.375 in	1
Z14 - Z15	3.775 in	4.525 in	[auto]	2	0.375 in	1
Z15 - Z16	4.525 in	5.275 in	[auto]	2	0.375 in	1
Z16 - Z17	5.275 in	6.025 in	[auto]	2	0.375 in	1
Z17 - Z ma	6.025 in	15.75 in	[auto]	29	0.335344843	1

◉ 圖 2-53 控制平面設定

提示 為了增加平面,選擇 **Reference** 來定義新的平面通常會事半功倍,然後再選擇如圖 2-54 所示的散熱片邊線。

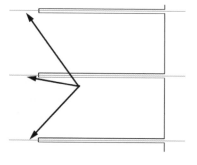

◉ 圖 2-54 選擇散熱片邊線

STEP 10 產生網格

按照 STEP 5 的方法產生網格。求解結束時,將產生大約 355000 個網格。

STEP **11** 建立截面繪圖 (2)

在 Flow Simulation 分析樹中，按滑鼠右鍵點選結果中的 cut plot，選擇 **Insert**。

請確認在 **Section Plane or Planar Face** 區域中選擇了 Top Plane。

在 **Offset** 中輸入 1in。

在 **Display** 下方點選 **Mesh**，點選 **OK**，結果如圖 2-55，圖 2-56 所示。

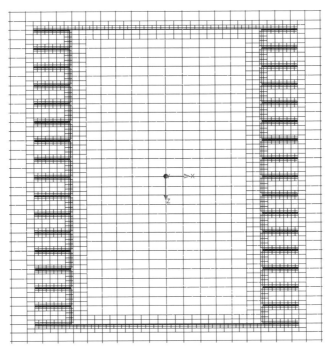

◉ 圖 2-55　產生的 cut plot(2)

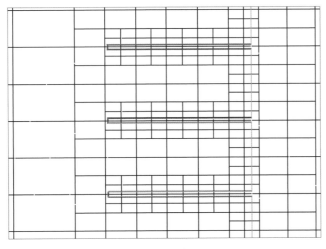

◉ 圖 2-56　產生的 cut plot(2)

請留意薄壁面中是如何插入網格平面的，從而確保沒有網格是被實體區域分割的。此外，細小縫隙處的網格也得到了有效的解析，使得跨越這個區域產生了很多網格。

◆ 討論

現在的問題是，哪種網格更加適合這類分析？

為了正確地回答這個問題，需要知道每個分析的結果。如果要完成計算，則 optimization 案例將耗費大約 10min，而 control planes 案例將耗費大約 25min。兩個案例得到的最高溫度相差不大。如圖 2-57 所示為它們結果的 cut plot。

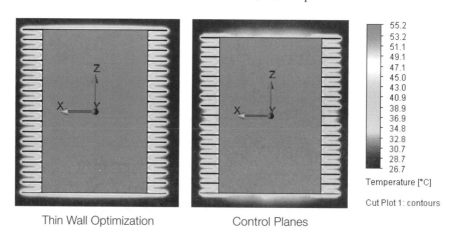

◈ 圖 2-57　兩種方法的結果對比

當以相同比例進行查看時，兩個案例獲得了幾乎一樣的結果。和預期的一樣，control planes 案例獲得了稍微細緻的結果，然而代價是需要更多的求解時間和設定時間。由於兩個結果都近似，因此可以認定，在進行工程判斷時一般沒有必要使用控制平面。如果設計標準非常嚴格，則採用控制平面可以提供更好的精度，但同時也需要更多的求解時間和設定時間。此外，和前面的練習一樣，控制平面不適合有弧度的幾何。

薄壁面最佳化可以讓使用者得到更好的結果，而不用耗費在使用控制平面時需要的計算和設定時間。此外，薄壁面最佳化不但可以處理與整體座標系正交的幾何，還適用於有弧度的幾何。

練習 2-4 劃分閥門組合件

在這個練習中，需要對一個閥門組合件劃分網格，以正確求解 Basket 開口並計算壓差，如圖 2-58 所示。本練習將應用以下技術：

* 初始網格。

* 局部網格。

* 組件控制。

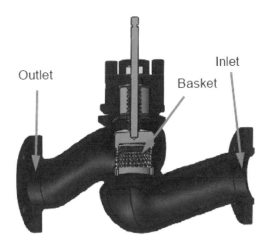

◉ 圖 2-58　閥門組合件

◆ **專案描述**

圖 2-59 所示的閥門為包含數行孔洞的 Basket，以供流體流動。為了確保閥門在開啟時流動能夠平滑上升，孔洞的尺寸在垂直方向是逐步增大的。如果想要得到 Basket 在不同位置下的壓差，所有孔洞都必須劃分合適的解析網格。比如，在橫跨孔的直徑方向需要保證 3~4 個流體網格。

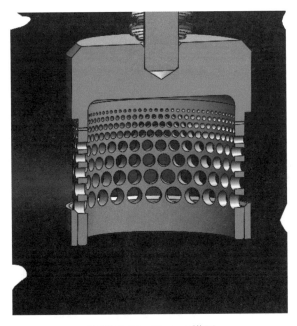

◉ 圖 2-59　Basket 模型

在本練習中，只考慮閥門全開的模型組態（SOLIDWORKS 的模型組態 Maximum open 25mm）。

◆ Boundary Condition

使用者需要指定入口體積流量為 $0.001 \text{m}^3/\text{s}$，並在出口位置指定環境壓力的 Boundary Condition。

◆ 目標

對閥門組合件劃分網格並正確解析每個開口，產生的網格應該不低於 350000 個。

本練習使用的組合件檔案 "Regulator valve" 位於 Lesson02\Exercises\Valve 資料夾中。

> **提示** 使用局部初始網格，可以在相對短的時間內產生合適的網格。

03

熱分析

順利完成本章課程後，您將學會：

- 自定義工程資料庫的材質
- 施加熱負載
- 學習在模型中建立一台風扇
- 使用多孔板
- 理解風扇曲線
- 建立熱通量圖
- 模擬一個電子機箱
- 學習對於複雜幾何的正確建模方法

3.1 案例分析：電子機箱

本章將對一個電子機箱進行一次流體模擬，採用虛擬風扇來模擬實際風扇的效果。為了在計算中節省時間，採用較為稀疏的網格。此外，在這個模型內部，將對各種電子元件加載熱源。最後，對分析的結果進行後處理。

3.2 專案描述

圖 3-1 所示為電子機箱簡易模型，由風扇進行冷卻。為了簡化模型，抑制風扇及其他複雜的特徵。電子機箱由頂部的一個 Lid 進行密封（圖中未顯示），而其他 Lid 已經事先建立完畢，因此可以進行內部流場分析。在 Lid 處加載一個外部入口風扇來模擬真實風扇的存在，heat sink 和 op-amp 的溫度一定要控制到最小。Resistors、op-amp、heat sink 和 Coil 都會發熱，而 Capacitors 則是在恆溫中工作。

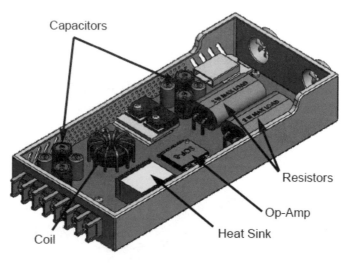

◉ 圖 3-1　電子機箱簡易模型

該專案的關鍵步驟如下：

(1) **準備用於分析的模型**：模型中很多不必要的特徵都已經被抑制。

(2) **新建專案**：使用 **Wizard** 建立一個專案。

(3) **指定材料**：對熱傳導計算指定材料屬性。

(4) **加載邊界條件和風扇**：在入口端新增風扇，並對整個模型加載邊界條件。

(5) **執行分析**。

(6) **後處理結果**：使用各種 SOLIDWORKS Flow Simulation 的選項進行結果的後處理。

操作步驟

STEP 1 開啟組合件檔案

從 Lesson03\Case Study 資料夾中開啟檔案 "PDES_E_Box"。

STEP 2 查看模型

預設模型組態包含的所有零件都保持為模型建立時的原樣。模型中含有大量細小特徵和文字特徵，這對計算分析結果影響很小，但會產生非常複雜的網格。基於這一點，有必要考慮簡化該模型，在不犧牲結果精度的前提下，控制一個合理的求解時間。

注意，很多零件都含有兩個單獨的模型組態，其中一個模型組態是模型設計的原型，如圖 3-2a 所示。另一個模型組態則抑制了細小特徵專供分析使用，如圖 3-2b 所示。當建立一個用於分析的組合件時，這個方法是比較有效率的。如果不想在組合件這一層抑制特徵，使用者可以直接使用事先建立好的組合件模型組態。

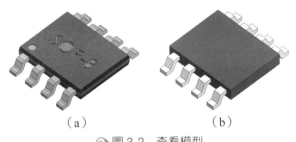

（a）　　　　　　　　　（b）

◉ 圖 3-2　查看模型

STEP 3 顯示模型組態

顯示模型組態 Simplified。該模型組態包含用於此次模擬中的簡化模型，如圖 3-3 所示。

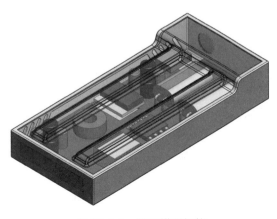

◉ 圖 3-3　顯示模型組態

啟用模型組態 Simplified 會彈出一串警告訊息：

"Flow Simulation has detected that the model was modified. Do you want to rest mesh settings?"
（Flow Simulation 檢測到該模型已修改。是否要重置網格設置？）

點選 **Yes** 並繼續。

"Project has some substances which are missing in the Engineering database. To work with project you need to add all missing substances."（專案所具有的某些材質在工程資料庫中丟失。要新增物質，則點選"新增"。）

點選 **Add All**。

技巧

即便進行了這些簡化，在對這個模型劃分網格時，模擬結果的驗證性仍然高度取決於網格。模型中有很多彎曲特徵，這些地方都需要更好的網格保證。任何模擬的第一個步驟都是盡可能簡化模型。在第一次運算模擬之前，去除一些小的縫隙和薄的特徵來降低網格劃分的難度。現在先以當前狀態來繼續處理這個模型。

提示 專案 completed 會在預設情況下加載進來。忽略它，在下一步中繼續新專案的定義。

STEP 4 新建專案

使用 **Wizard**，按照表 3-1 的屬性新建一個專案。

表 3-1 專案設定

Configuration name	使用當前："Simplified"
Project name	"Electronics cooling"
Unit system	**SI(m-kg-s)** 更改 **Temperature** 的單位為℃
Analysis Type Physical Features	**Internal** 勾選 **Conduction** 核選框
Database of Fluid	在 **Fluids** 列表中，在 **Gases** 下點兩下 **Air**，將其新增到 **Project Fluids** 中
Default Solid	展開 **Glassed and Minerals** 列表，點兩下 **Insulator**
Wall conditions	預設 **Roughness** 設定為 0 micrometer，這個設置適用於本分析
Initial conditions	預設值，點選 **Finish**

指令TIPS **Engineering Database（工程資料庫）**

到目前為止，一直都是從列表中選擇預設的流體，但使用者並不清楚這個列表來自何處，也不知道這個流體的定義中包含哪些訊息。其實可以從 SOLIDWORKS Flow Simulation 的 **Engineering Database** 中找到線索。

裡面包含：

- 種類繁多的氣體、液體、非牛頓流體、可壓縮流體和固體物質的物理訊息。它包含常數和可變的物理參數兩種，可變的物理參數可以表示為溫度和壓力（壓力相關性僅針對液體沸騰和凝固點）的函數表達式。
- 風扇曲線定義了體積流率（或質量流率）與所選工業風扇的靜壓差之間的關係。
- 多孔性材質的屬性。
- 指定預設參數為變量並使之追加顯示在標準參數上，透過方程式（基本的數學公式）來加以定義，從而達到自定義可視化參數的目的。
- 輻射曲面的屬性。
- 使用者可以在專案中看到並指定數據的單位。

操作方法

- 從 **Flow Simulation** 選單中，選擇 **Tools → Engineering Database**。
- 在 Flow Simulation Command Manager，點選 **Engineering Database** 🔁。

STEP 5 　新建材料

材料「Transformer Material」是由使用者自訂而成，該材料不是 SOLIDWORKS Flow Simulation 的工程資料庫中預設的材料。為了將此材料新增進來，在設置 SOLIDWORKS Flow Simulation 專案之前需要先進行以下幾個步驟：

(1) 從 **Flow Simulation** 選單中，選擇 **Tools → Engineering Database**。

(2) 展開 **Database tree** 中的 **Materials** 檔案夾，選擇 **Solids → User Defined**，如圖 3-4 所示。

(3) 在工程資料庫工具列中點選 **New Item** 按鈕 📄，或按滑鼠右鍵點選使用者定義檔案夾並選擇 **New Item**。

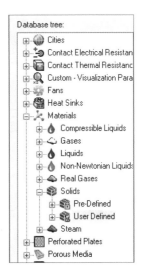

● 圖 3-4　新建材料

STEP 6 輸入材料屬性

將出現一個空白的 **Item Properties** 選項卡，按照表 3-2 設定材料的屬性（點兩下空白的欄位並設置對應的屬性值）。

點選 **Save** 按鈕 ，關閉 Engineering Database 視窗。

表 3-2　材料屬性

名稱（**Name**）	Transformer Material
密度（**Density**）	5000 kg/m³
比熱（**Specific Heat**）	640 J/(kg · K)
熱傳係數（**Thermal conductivity**）	170 W/(m · K)
熔點溫度（**Melting temperature**）	1250 K

STEP 7 指定材料

按滑鼠右鍵點選 Input Data 下的 Solid Material 並選擇 **Insert Solid Material**。如圖 3-5 所示，指定下列事先定義好的材料所對應的零件。

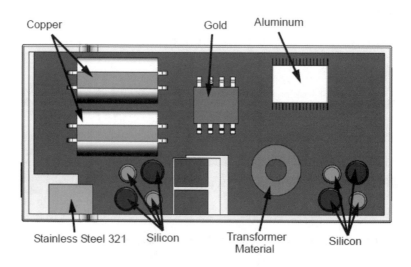

◉ 圖 3-5　指定材料

提示　任何未指定材料的部分都將視作 **Insulator**，因為這是在 Wizard 中定義 Default Solid 時選定好的。

8 指定 PCB 材料

使用相同的地方，對零件"SPS_PC_Board"指定材料 PCB 4 層。使用者可以在 **Pre-Defined** 檔案夾下的 **Non-Isotropic** 子檔案夾中找到這個材料。

在 **Anisotropy** 選項組中，保持 **Global Coordinate System** 不變，並在 **Axis** 中選擇 Y，如圖 3-6 所示。

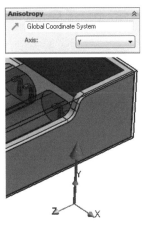

> 提示
>
> PCB 4 層材料代表 **Axisymmetrical/Biaxial** 的傳導類型。**Anisotropy** 選項組用於指定平面朝外的方向。材料的平面內兩個方向和餘下的兩個整體座標系的軸向一致。

◉ 圖 3-6　指定方向

指令TIPS　Heat Source（熱源）

在沒有邊界條件（或轉移的邊界條件）也沒有指定風扇（例如，流體不透過風扇流動）的表面（表面來源）上，或是在固體或流體（體積來源）的介質中，都可以指定 **Heat Source**。

- 在 **Surface Source** 中，如果不勾選 General Setting 中的 **Conduction**，使用者可以在固體表面以 **Heat transfer Rate** 和 **Heat Flux** 的形式指定熱源。反之則以 **Heat Generation Rate** 和 **Surface Heat Generation Rate** 指定（在兩種情況下，正的數值代表產熱，而負的數值代表吸熱）。

- 在 **Volume Source** 中，使用者可以以 **Temperature**、**Heat Generation Rate** 或 **Volumetric Heat Generation Rate**（在所有情況下，正的數值代表產熱，負的數值代表吸熱）的形式指定內部（體積）熱源。使用者還可以對視作固體或流體的一個零部件（一個零件、組合件的次組合件或多本體零件中的一個實體）使用 **Volume Source**。如果該零部件被視作固體，則必須考慮 **Conduction**。如果該零部件被視作流體，則使用者必須在 **Component Control** 對話框中禁用該零部件。

操作方法

- 從 **Flow Simulation** 選單中，選擇 **Insert** → **Surface Source** 或 **Volume Source**。

- 在 Flow Simulation 分析樹中，按滑鼠右鍵點選 **Heat Source** 並選擇 **Insert Surface Source** 或 **Insert Volume Source**。

- 在 Flow Simulation Command Manager 中，點選 Flow Simulation Feature → **Surface Source** 或 **Volume Source**。

> **提示** 在 Flow Simulation 分析樹中增加 Heat Sources 選項，按滑鼠右鍵點選專案並選擇 **Customize Tree**，點選 **Heat Sources**。

STEP 9 指定熱源 (1)

在 Flow Simulation 分析樹中，按滑鼠右鍵點選 **Heat Source**，選擇 **Insert Volume Source**。

選擇零件 "SPS_Cap_A-1" 和 "SPS_Cap_A-2"，在 **Heat Generation Rate** 中輸入 2W。點選 **OK**。

對圖 3-7 所示的其餘零件重複這個過程，並指定對應的 **Heat Generation Rate**。

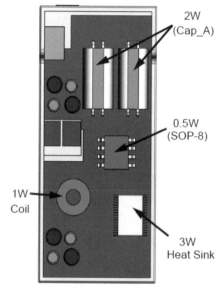

◉ 圖 3-7　指定熱源 (1)

STEP 10 指定熱源 (2)

在 Flow Simulation 分析樹中，按滑鼠右鍵點選 **Heat Source**，選擇 **Insert Volume Source**。

在 **Parameter** 下選擇 **Temperature** ^{T}，並設置四個藍色電容的溫度為 45℃。

重複這一過程，設置四個粉紅色電容的溫度為 35℃，如圖 3-8 所示。

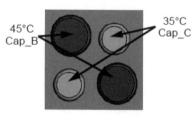

◉ 圖 3-8　指定熱源 (2)

3.3 風扇（Fan）

　　Fan 可以在邊界產生一個流入或流出的體積流率，而這取決於入口和出口所選面上的平均壓差。風扇的方向可以指定為 **Normal to Face → Swirl** 或 **3D Vector**。在 **Swirl** 選項中，允許使用者指定漩渦流動在入口和出口處與參考軸成一定的角度，並具有徑向速度。關於 **Fan** 更多使用方式，請參考 Flow Simulation 的線上說明。

3.3.1 風扇曲線

　　風扇曲線表示體積或質量流率與壓差之間的關係。圖 3-9 是一條風扇曲線樣例。請留意大多數的風扇都有一個"失速區"，在這個區域，對於給定的壓差，風扇會在兩個流量之間跳動。

　　建議盡可能選擇這樣的風扇，使其運轉在失速區的右側，以確保穩定性。通常可以從風扇供應商中獲取相對應的風扇曲線。

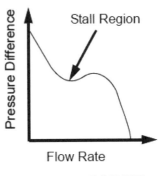

◉ 圖 3-9　風扇曲線樣例

3.3.2 降額

　　風扇經常被設置運行低於其最大工作能力，以降低噪音並延長其使用壽命，且仍然實現熱冷卻要求。風扇運行速度低於最大工作能力以降低它們運行的 RPM。這具有降額作用的（減少）風扇曲線，可使用降額因數進行模擬，如圖 3-10 所示。

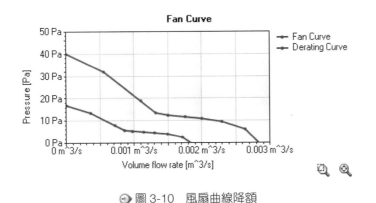

◉ 圖 3-10　風扇曲線降額

指令TIPS Fan（風扇）

Fan 是流動邊界條件中的一種類型。可以在手動建立的 Lid 上定義風扇，作為 **Inlet Fans** 或 **Outlet Fans**。

操作方法

在 Flow Simulation 分析樹中，按滑鼠右鍵點選專案名稱並選擇 **Customize Tree**，然後再選擇 **Fan**。這將會在 Flow Simulation 分析樹的 Input Data 下顯示風扇使用選項。使用者還可以透過以下方式找到風扇：

* 從 Flow Simulation 選單中，選擇 **Insert → Fan**。
* 在 Flow Simulation 分析樹中，按滑鼠右鍵點選 **Fan** 並選擇 **Insert Fan**。
* 在 Flow Simulation Command Manager 中，點選 **Fan** 按鈕 🗔。

STEP 11 建立風扇

在 Flow Simulation 分析樹中，按滑鼠右鍵點選 Input Data 下的風扇，選擇 **Insert Fan**。

在 **Type** 中，選擇 **External Inlet Fan**。

選擇 Fan_Cap 的內側表面，如圖 3-11a 所示。

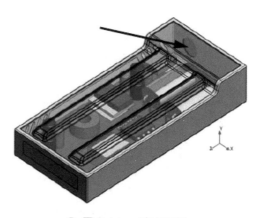

◉ 圖 3-11a　建立風扇

在 **Fan** 選項組中，選擇 **Pre-Defined** → **Fan Curves** → **Papst**（德國一家風扇供應商）→ **DC-Axial**（軸流直流電型）→ **Series 400**（400 系列）→ **405** → **405**，如圖 3-11b 所示。

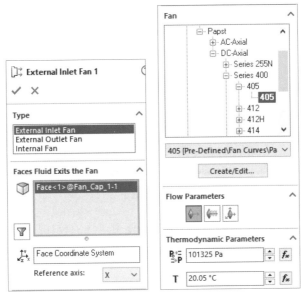

◉ 圖 3-11b　建立風扇

對 **Inlet Flow Parameters** 和 **Thermodynamic Parameters** 保留其預設值。

> **提示**　在這個案例中使用預定義的風扇參數來舉例說明工程資料庫中的風扇性能。強烈建議使用者與風扇供應商核對所有風扇參數。

點選 **Derating**，輸入值 0.85，如圖 3-12 所示。

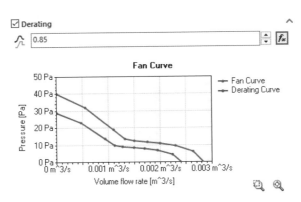

◉ 圖 3-12　使用降額風扇曲線

風扇將在其最大工作能力以下運行，以延長其使用壽命。

STEP 12 設置出口邊界條件

在 Flow Simulation 分析樹中，按滑鼠右鍵點選 Input Data 下的邊界條件，選擇 **Insert Boundary Condition**。

在機箱內側選擇 9 個 Lid 表面，如圖 3-13 所示。

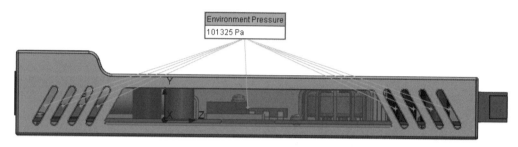

⊙ 圖 3-13　設置邊界條件

在 **Boundary Condition** 屬性框中，在 **Type** 選項組中選擇 **Pressure Openings**，在 **Type of Boundary Condition** 中選擇 **Environment Pressure**。

點選 **OK**，接受預設的環境參數。

3.4 多孔板

你可能已經注意到簡化模型的其中一個手段就是在機箱內部對一組三角形排列的圓孔挖一個大洞。去除這些孔是因為它們太耗費劃分網格和求解的時間。去除這些孔後，可以用以下的替代方法來考慮它們的影響。

(1) 指定一個壓力邊界條件，並假設孔對流動區域的影響可以忽略不計（這也是目前採用的方法）。這個條件模擬逼近的效果比較差。

(2) 使用多孔性材質（在第 7 章：多孔性材質中再討論）來模擬這些孔的存在。這是一個可以接受的逼近方法，但要正確模擬這個情形，則必須知道多孔性材質的屬性。要獲得這些屬性，需要完全去掉所有壁面，並且對所有壁面進行模擬實驗來計算其屬性。計算這些屬性可能非常耗時，但是可以算出接近實際的結果。

(3) 使用多孔板選項。這是一個最佳的逼近方法，可以用於替代模型中的一群孔。

本章將選擇第三種方法。

指令TIPS **Perforated Plates**（多孔板）

使用者可以在 Engineering Database 中定義多孔板並加載到使用者的模型。

操作方法

- 從 Flow Simulation 選單中，選擇 **Insert** → **Perforated Plates**。
- 在 Flow Simulation 分析樹中，按滑鼠右鍵點選 **Perforated Plates** 並選擇 **Insert Perforated Plates**。
- 在 Flow Simulation Command Manager 中，點選 **Flow Simulation Feature** 📇 後再選擇 **Perforated Plates** 🔲。

使用者需要按滑鼠右鍵點選分析的專案並選擇 **Customize Tree**，然後選擇 **Perforated Plates**，便可以將 **Perforated Plates** 功能在 Flow Simulation 分析樹中顯示。

STEP **13** 定義多孔板

從 Flow Simulation 選單中，選擇 **Tools** → **Engineering Database**。

展開 **Database tree** 下的多孔板檔案夾，選擇 **User Defined**。

在工程資料庫工具列中點選 **New Item** ⬜，或按滑鼠右鍵點選使用者定義檔案夾並選擇 **New Item**。

STEP **14** 輸入材料屬性

將出現一個空白的 **Item Properties** 欄位表。按照表 3-3 指定材料的屬性（點兩下空白的欄位並設置對應的屬性值）。

表 3-3　材料屬性

Name	electronics enclosure
Hole Shape	Round
Diameter	2mm
Coverage	Checkerboard Distance
Distance between centers	4mm

自動計算得到的 **Free area ratio** 為 0.226724917，點選 **Save** 💾。

3.4.1 開孔率

指的是開孔的面積與定義為多孔板面積的比值,可以簡單地透過手算來驗證這個數值。試計算紅色方框內的面積,如圖 3-14 所示。

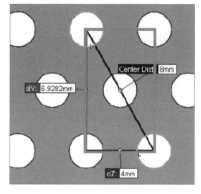

◉ 圖 3-14　開孔率

STEP **15** 新增多孔板

在 Flow Simulation 分析樹中,按滑鼠右鍵點選 Input Data 下的多孔板,選擇 **Insert Perforated Plates**。

選擇大壓力出口的內側表面,如圖 3-15 所示。

在 **Perforated Plates** 對話框中選擇 **User Defined** → **electronics enclosure**。

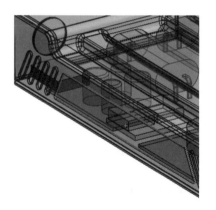

◉ 圖 3-15　選擇內側表面

STEP **16** 定義工程目標(體積目標)

在專案描述中曾提到,heat sink 和 op-amp 的溫度要控制到最小,這需要使用工程目標(Engineering Goal)來實現。

按滑鼠右鍵點選 SOLIDWORKS Flow Simulation 分析樹中的目標,選擇 **Insert Volume Goal**。

在 **Volume Goal** 屬性窗中,**Parameter** 選擇 **Temperature (Solid)**,選擇 **Max**。

在 SOLIDWORKS FeatureManager 設計樹中,選擇 heat sink 以更新 **Components to apply volume goal** 列表。

點選 **OK**。

重複這一過程，對 SOP-8(op-amp) 零件應用一個 **Temperature of Solid** 目標。

STEP 17 求解這個流體模擬專案

從 **Flow Simulation** 選單中，點選 **Solve → Run**。確認已經勾選 **Load results** 核選框。點選 **Run**。

這個分析耗時約 8 分鐘。讓這個專案運算幾分鐘，確保網格已經劃分成功，剛開始運算時停止分析，顯示 completed 模型組態，並從這個專案中加載結果。

STEP 18 建立截面繪圖

在 Flow Simulation 分析樹中，按滑鼠右鍵點選結果下方的 **Cut Plots**，然後選擇 **Insert**。

確認在 **Section plane or Planar face** 選項組中選擇了 Top Plane。在 **Offset** 中輸入 1mm。

在 **Display** 選項組中點選 **Contours**。

在 **Contours** 選項組中選擇 **Temperature**，並將 **Number of Levels** 提高到 50。

點選 **OK** 建立繪圖，如圖 3-16 所示。

查看完畢後，**Hide** 這個截面繪圖。

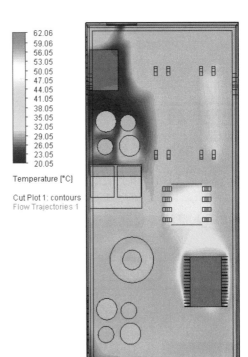

◉ 圖 3-16　溫度截面繪圖

STEP 19 查看流線軌跡

在 Flow Simulation 分析樹中，按滑鼠右鍵點選 **Flow Trajectories** 並選擇 **Insert**。

選擇 External Inlet Fan 1 作為參考。

點選 **OK**，結果如圖 3-17 所示。

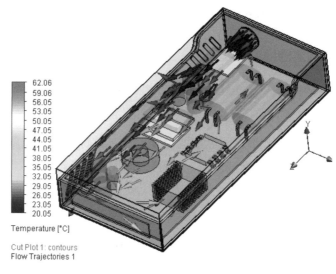

圖 3-17　流線軌跡

STEP **20** 流動軌跡動畫

按滑鼠右鍵點選之前建立的 Flow Trajectories 1，點選 **Play**。

點選 **Stop All** 停止動畫。

STEP **21** 查看體積溫度

在結果下方，按滑鼠右鍵點選 **Goals** 圖並選擇 **Insert**。

勾選 **All** 核選框後顯示表格，或是導出到 Excel，開啟目標結果。

heat sink 的最高溫度為 62℃，而 op-amp 的最高溫度為 53℃。

指令TIPS　**Flux Plot**（通量圖）

通量圖用於顯示兩個元件之間透過傳導傳遞的熱量，也可用於查找所選組件流入和流出的總熱量。

• 從 Flow Simulation 工具列中，選擇 **Insert** → **Flux Plot**。

• 在 Flow Simulation 結果分析樹中，按滑鼠右鍵點選 **Flux Plot** 並選擇 **Insert**。

• 在 Flow Simulation Command Manager 中，點選 **Flux Plot** 。

STEP **22** 建立通量圖

在 Result 選項按滑鼠右鍵點選 Flux Plot 並選擇 **Insert**。

在 **Selection** 中，從 FeatureManager 樹 中 使 用 CTRL
鍵 選 擇 SPS_Coil1-1、SPS_Cap_A-1、SPS_Cap_A-2、heat
sink1，如圖 3-18 所示。點選 **OK**。

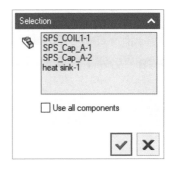

◉ 圖 3-18　建立通量圖

◎ **注意**　CTRL 鍵可使用在 heat flux plot 時選擇多個元件，如圖 3-19 所示。

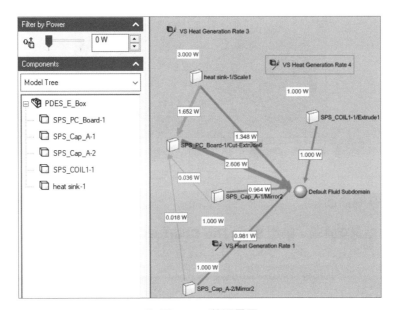

◉ 圖 3-19　熱通量圖

熱通量圖顯示各個元件間流進和流出的熱功率。

STEP **23** 儲存通量圖為圖形格式

點選 **Save the Graph as Picture** 🖫。變更檔名為 Flux Plot for Heat Sink and Capacitors。
存檔類型選擇 JPG 並儲存。

STEP 24 建立 heat sink 圓餅圖

在元件列中選擇 heat sink，點選 **Show Pie Chart** 。圓餅圖顯示熱量流入和流出的分佈。從圖 3-20 可以看出 3W 的熱量被 heat sink 吸收，此 3W 中，1.65W 熱量傳遞到 PCB，另外 1.35W 熱量傳遞到 heat sink 周圍流動的空氣中。

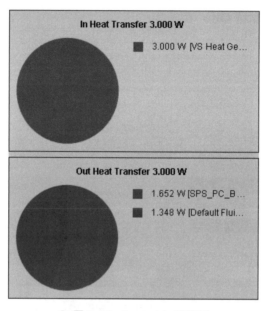

◉ 圖 3-20　heat sink 圓餅圖

STEP 25 儲存圓餅圖

按滑鼠右鍵點選圓餅圖。點選 **Save Pie Chart as** 。

3.5 討論

計算結果顯示，heat sink 的最高溫度大約為 62℃。如果這個數值接近臨界值，則有必要再進行一次分析，並對 heat sink 進行更為細密的網格劃分，雖然薄壁面優化選項對這個區域有好的效果，但是更加細密的網格可以提供更佳的結果，當然計算時間也隨之增加。為了解決龐大的運算時間問題，將在本書的後面內容中介紹 EFD 技巧。

為了降低 heat sink 的溫度，鼓勵使用者嘗試使用其他風扇或建立一個自己設計的風扇，進一步降低這些零件的溫度；另一種方法是嘗試更改 heat sink 的方向。

3.6 總結

本章對一個電子機箱進行了一次流體分析。對第一次分析而言,要盡可能地簡化模型幾何以加快模擬運算的速度。如果關注 heat sink 的效率,可使用局部網格對此區域設置更好的網格,並提供更加準確的結果。

建立了收斂目標反映 op-amp 和 heat sink 溫度的設計趨勢。這些目標有助於驗證風扇選擇的合適與否。

此外,介紹了風扇及其定義的方式。風扇曲線可以用於度量風扇的性能,使用者通常可以從風扇供應商獲得該曲線。根據風扇的運行情況而選擇風扇是非常重要的。

練習 3-1 正交性熱傳導材料

在這個練習中，需要對一個帶 heat sink 的晶片進行一次熱分析。本練習將應用以下技術：

- 熱源。
- 工程資料庫。

專案描述

密封盒中包含有一顆發熱晶片（維持在 100℃），放置在中間平板的凹槽中，該密封盒內具有兩路（上面和下面）獨立的流動路徑。鋁制的 heat sink 直接放置在晶片頂部，並位於密封盒的上半部分。金製的平板則與晶片另一側相連，位於密封盒的下半部分。下面的流動路徑以室溫（20℃）的空氣按 5m/s 的速度吹過晶片。上面的流動路徑則以冷（5℃）空氣按 5m/s 的速度吹過 heat sink，如圖 3-21 所示。

晶片和中間平板的材料是正交性傳導的（例如，方向相關的熱傳導）。本次分析的目標是獲取晶片和中間平板的溫度分佈。

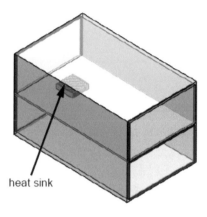

heat sink

● 圖 3-21　密封盒

操作步驟

STEP 1　開啟組合件檔案

從 Lesson03\Exercises\Enclosure 資料夾中開啟檔案 "TEC Gas Cooling"。

STEP 2　新建專案

使用 **Wizard**，按照表 3-4 的屬性新建一個專案。

表 3-4　專案設定

Configuration name	使用當前："Model"
Project name	"Orthotropic material"
Unit system	SI(m-kg-s)（將溫度從 K 更改為℃）

Analysis Type Physical Features	Internal 勾選 **Conduction** 核選框
Default Fluid	在 **Fluids** 列表中，在 **Gases** 下點兩下 **Air**
Default Solid	從 **Glassed and Minerals** 列表中選擇 **Insulator**
Wall conditions	預設值
Initial conditions	預設值，點選 **Finish**

STEP 3 初始 Global Mesh 設置

按滑鼠右鍵點選 **Global Mesh** 並選擇 **Edit Definition**。調節 **Level of initial mesh** 到 4。設置 **Minimum Gap Size** 為 0.00381m。點選 **OK**。

STEP 4 新建材料

Plate-1 和 TEC-1 分別由 Orthotropic plate 和 Orthotropic plate 2 這兩種材料製作而成。由於在 SOLIDWORKS Flow Simulation 的工程資料庫中不包含這些材料，使用者必須自己定義。

在 **Flow Simulation** 選單中，選擇 **Tools → Engineering Database**，如圖 3-22 所示。

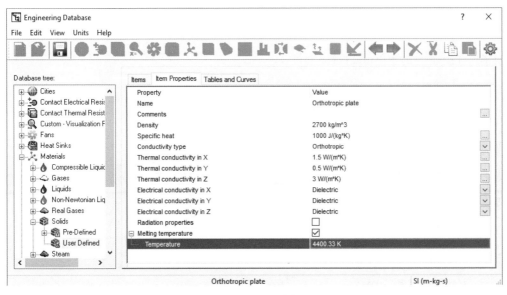

◉ 圖 3-22　新建材料

在資料庫樹中，選擇 **Materials → Solids → User Defined**。

在工具列中點選 **New Item**，將出現一個空白的 **Item Properties** 選項卡，點兩下空白的欄位並輸入對應的值。指定下面的材料屬性：

- 名稱 =Orthotropic plate
- 註解 =Orthotropic Material
- 密度 =2700kg/m^3
- 比熱 =1000J/(kg・K)
- 傳導類型 = 正交各向異性
- X 方向的熱傳係數 =1.5W/(m・K)
- Y 方向的熱傳係數 =0.5W/(m・K)
- Z 方向的熱傳係數 =3.0W/(m・K)
- 熔點溫度 =4400.33K

點選 **Save**。

STEP 5 新建材料

仍在資料庫樹中，選擇 **Materials → Solids → User Defined**。

在工具列中點選 **New Item**，將出現一個空白的 **Item Properties** 選項卡，點兩下空白的欄位並設置對應的屬性值。

重複 STEP 4，指定下面的材料屬性：

- 名稱 =Orthotropic plate 2
- 註解 =Orthotropic Material
- 密度 =2700kg/m^3
- 比熱 =1000J/(kg・K)
- 傳導類型 = 正交各向異性
- X 方向的熱傳係數 =1.5W/(m・K)
- Y 方向的熱傳係數 =50W/(m・K)
- Z 方向的熱傳係數 =0W/(m・K)
- 熔點溫度 =3140.33K

點選 **Save**。

點選 **File → Exit**，退出該資料庫。

> 提示　使用者可以在任意單位制下輸入材料屬性，只要在數值後面輸入單位名稱，則
> SOLIDWORKS Flow Simulation 將自動將其轉換為公制的數值。使用者還可以
> 使用 **Tables & Curves** 選項卡，輸入溫度相關的材料屬性。

STEP 6　指定 Solid Materials

按滑鼠右鍵點選 Input Data 下的 Solid Materials 並選擇 **Insert Solid Material**。

在 SOLIDWORKS FeatureManager 中，選擇 **Heat Sink**。

展開預定義的材料並選擇 **Aluminum**，點選 **OK**。

STEP 7　指定剩餘的材料

重複上面的步驟，並按下面的要求指定 Solid Materials：

TEC-1 指定材料 **Orthotropic plate**（使用者定義的材料）。**Anisotropy** 欄位保持指定為全局座標系統，這會使材料座標系統與全局座標系統一致。

TEC-2 指定材料 **Gold**。

Plate-1 指定材料 **Orthotropic plate 2**（使用者定義的材料）。**Anisotropy** 欄位保持指定為全局座標系統。

STEP 8　指定入口邊界條件 1（上半部分）

在 SOLIDWORKS Flow Simulation 分析樹中，按滑鼠右鍵點選 **Boundary Condition** 並選擇 **Insert Boundary Condition**。

在密封盒上半部分選擇入口 Lid 的垂直面。

在 **Type** 選項組中點選 **Flow openings**。選擇 **Inlet Velocity** 並指定 5m/s **Normal to Face** 的流動。

在 **Thermodynamic Parameters** 中，指定
Temperature 為 5℃，如圖 3-23 所示。

點選 **OK**。

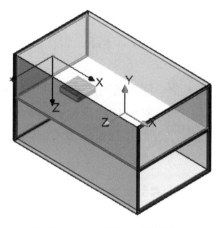

◉ 圖 3-23　設置入口邊界條件

STEP 9　指定入口邊界條件 2（下半部分）

在 SOLIDWORKS Flow Simulation 分析樹中，
按滑鼠右鍵點選 **Boundary Condition** 並選擇 **Insert
Boundary Condition**。

在密封盒下半部分選擇入口 Lid 的垂直面，如
圖 3-24 所示。和上面的步驟一樣，指定 **Normal to
Face → Inlet Velocity** 的邊界條件為 5m/s，指定
Temperature 為 20℃。

◉ 圖 3-24　選擇下半部分垂直面

STEP 10　指定出口邊界條件 1（上半部分）

在 SOLIDWORKS Flow Simulation 分析樹
中，按滑鼠右鍵點選 **Boundary Condition** 並選擇
Insert Boundary Condition。

在密封盒上半部分選擇入口 Lid 的內側面，
如圖 3-25 所示。在 **Type** 選項組中點選 **Pressure
Openings** 並選擇 **Static Pressure**。

對於此問題而言，可以接受預設的出口壓力
101325Pa 和溫度 20.05℃（239.2K）。

點選 **OK**。

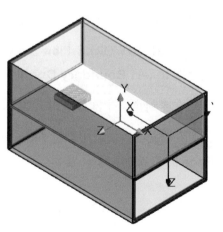

◉ 圖 3-25　設置出口邊界條件

STEP **11** 指定出口邊界條件 2（下半部分）

對下半部分的 Lid 指定同樣的壓力邊界條件，如圖 3-26 所示。

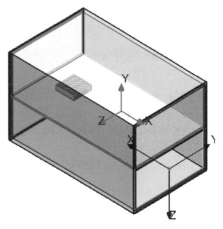

⊙ 圖 3-26　設置下半部分出口邊界條件

STEP **12** 插入熱源

按滑鼠右鍵點選 Input Data 的 **Heat Source** 並選擇 **Insert Volume Source**。

從 SOLIDWORKS FeatureManager 設計樹中選擇 TEC-1。在 **Parameter** 下，點選 **Temperature** 並輸入 100℃，如圖 3-27 所示，點選 **OK**。

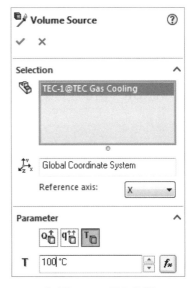

⊙ 圖 3-27　插入熱源

STEP **13** 給溫度插入體積目標

按滑鼠右鍵點選 Input Data 下的 **Goals**，選擇 **Insert Volume Goal**。

在 **Parameter** 下，滾動至 **Temperature (Solid)** 並勾選 **Max** 核選框。從 SOLIDWORKS FeatureManager 設計樹中選擇 Heat Sink。點選 **OK**。

在 SOLIDWORKS Flow Simulation 分析樹的 **Goals** 下方，將出現一個新的 **VG Max Temperature (Solid)** 項目。使用者可以將其重新命名為 **VG Max Temp of Heat Sink**。

與此類似，對零件"TEC<1>"和"TEC<2>"定義體積目標，選定 **Temperature (Solid)** 並勾選 **Max** 核選框。

STEP 14 求解運算

在 SOLIDWORKS 的 **Tools → Flow Simulation** 選單中，點選 **Solve → Run**。

確認已經勾選 Load results 核選框。

求解器將運算大約 3min，這也取決於工作站處理器的速度。

求解器運算完畢，直接存取結果。

STEP 15 結果圖顯示 Heat Sink 和 plate 的溫度分佈

按滑鼠右鍵點選結果下的 **Surface Plots**，選擇 **Insert**。

從 SOLIDWORKS FeatureManager 的展開選單中選擇零部件 Heat Sink 和 plate。

選擇 **Temperature (Solid)**，將 **Number of Levels** 設置為 50。

點選 **OK**，顯示該結果圖，如圖 3-28 所示。

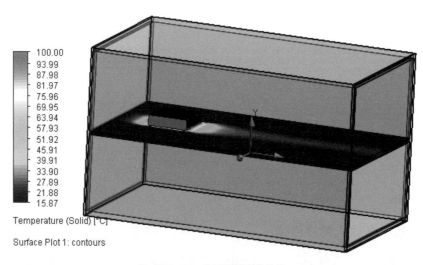

◉ 圖 3-28　結果圖溫度分佈

提示　為了使用這個或其他結果圖的更多選項，使用者可以點兩下彩色圖例，也可以按滑鼠右鍵點選 **Results** 並選擇 **View Settings**。

練習 3-2 電纜

在本練習中，我們將對一根絕緣電纜進行一次熱分析，如圖 3-29 所示。本練習將應用以下技術：

- 熱源。
- 工程資料庫。

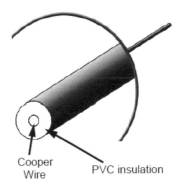

Cooper Wire　　PVC insulation

⊙ 圖 3-29　電纜結構

⬢ 專案描述

這根電纜中間是直徑 2mm 的銅線（Cooper Wire），外部包覆著一層厚度不一的 PVC 絕緣材料（PVC insulation）。由於 PVC 的熱阻和電流作用，銅線的溫度為 105℃。它周圍空氣的溫度為 25℃，而且 PVC 絕緣體和空氣之間的傳熱係數為 15W/m^2/K。本練習的目標是針對 PVC 絕緣體三個厚度下計算熱平衡：1.5mm、7mm 和 12mm。

操作步驟

STEP **1**　**開啟零件檔案**

從 Lesson3\Exercise wire\Electric 資料夾中開啟檔案 "Electric Wire"。

STEP **2**　**新建專案**

使用 **Wizard**，按照表 3-5 的屬性新建一個專案。

表 3-5　專案設定

Configuration name	使用當前："Layer of insulation 1.5mm"
Project name	"Layer of insulation 1.5mm"
Unit system	SI(m-kg-s)（將溫度從 K 更改為℃）
Analysis Type Physical Features	**Internal** 勾選 **Conduction** 核選框
Default Solid	從 **Metals** 列表中選擇 **Copper**

Wall conditions	選擇 **Heat transfer coefficient**. 在 **Heat transfer coefficient** 中輸入 15W/m²/K，在 **Temperature of external fluid.** 中輸入 25℃
Initial conditions	預設值，點選 **Finish**

> **STEP** **3**　初始 **Global Mesh** 設置

按滑鼠右鍵點選 **Global Mesh** 並選擇 **Edit Definition**。維持 **Level of initial mesh** 在 3。點選 **OK**。

> **STEP** **4**　定義計算域的尺寸邊界條件

我們假設電纜無限長，而且沿著軸線方向沒有熱流。因此，我們可以模擬電纜的一小段，透過分割電纜和 PVC 絕緣體，在計算域的兩端加載週期性的條件，並使用 2D 分析，如圖 3-30 所示。

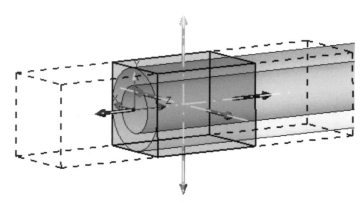

◉ 圖 3-30　定義計算域

在 SOLIDWORKS Flow Simulation 分析樹中，在 Input Data 下方，按滑鼠右鍵點選 **Computational Domain** 📄 並選擇 **Edit Definition**。在 **Type** 下方，選擇 **2D Simulation**，在計算域 **Size and Conditions** 中，將 **Z max** 減小到 0.01m，設置 **Z min** 為 0m，對 **Z max** 和 **Z min** 都設置 **Periodicity** 條件。

點選 **OK**。

> 提示　求解這個問題最高效率的方式是使用 2D。我們將在後面的課程中介紹二維問題。

STEP 5 在資料庫中新建 **PVC** 材料

開啟 **Engineering Database**，在 **Database tree** 下方，展開 **Materials** 檔案夾並選擇 **Solids → User Defined**。在工具列中點選 **New Item**。

STEP 6 輸入材料屬性

指定材料屬性，見表 3-6。

表 3-6 材料屬性

Name	PVC
Density	1379 kg/m³
Specific Heat	1004 J/(kg．K)
Thermal Conductivity	0.1 Q(m．K)
Melting Temperature	1000 K

Save PVC 材料訊息，關閉 **Engineering Database** 視窗。

STEP 7 設置材料

按滑鼠右鍵點選 Input Data 下的 Solid Materials 並選擇 **Insert Solid Material**，從 **User Defined** 檔案夾中選擇 PVC 並應用到絕緣體中。

 提示

銅將被作為預設的 Solid Materials 加載到電纜中。

STEP 8 插入體積熱源

在 SOLIDWORKS Flow Simulation 分析樹中，按滑鼠右鍵點選 **Heat Source** 並選擇 **Insert Volume Source**。

選擇銅線 Wire，**Temperature** 設置為 105℃。

點選 **OK**。

STEP 9 定義工程目標（表面目標）

在 SOLIDWORKS Flow Simulation 分析樹中，按滑鼠右鍵點選 **Goals** 並選擇 **Insert Surface Goal**。點選絕緣體的外表面。在 **Parameter** 下方，指定 **Temperature (Solid)** 和 **Heat Flux** 為 **Ave**，同時選擇 **Heat Transfer Rate**，如圖 3-31 所示。點選 **OK**。

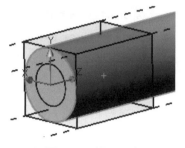

⊙ 圖 3-31　選擇外表面

STEP 10 求解流體模擬專案

此專案求解速度非常快。

STEP 11 建立溫度（固體）的截面繪圖

Insert 一個新的截面繪圖。使用 Front 基準面作為剖面，並偏移 0.005m。在 **Display** 中選擇 **Contours**。在 **Contours** 選項組中選擇 **Temperature (Solid)** 並保持 **Number of Levels** 為 20。點選 **OK** 建立結果圖，如圖 3-32 所示。

可以觀察到這個表面的最高溫度高達 86℃。

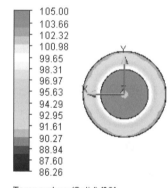

Temperature (Solid) [°C]

Cut Plot 1: contours

⊙ 圖 3-32　溫度截面繪圖

STEP 12 查看目標結果

插入新的目標結果圖。在 **Results** 下選擇 **Goal Plots**，選擇 **All Goals**，勾選 **All** 核選框。點選 **Show**，如圖 3-33 所示。

Goal Name	Unit	Value	Averaged Value	Minimum Value	Maximum Value
SG Average Heat Flux 1	[W/m^2]	920.702	920.702	920.702	920.702
SG Heat Transfer Rate 2	[W]	0.202	0.202	0.202	0.202
SG Average Temperature (Solid) 3	[°C]	86.38	86.38	86.38	86.38

⊙ 圖 3-33　目標結果圖

我們可以再次看到，絕緣體表面的平均溫度為 86.4℃。指定分隔段的熱交換率為 0.202W。

指令TIPS **Clone Project（複製專案）** 🔍

如果你想更改一些設置，但是要保持之前專案的結果，可以使用 **Clone Project** 來複製一個專案到一個新的模型組態。一旦模型組態發生了更改，使用者可以重新運算專案並查看新的結果，與最初的設計進行比對。

操作方法

- 在 Flow Simulation 分析樹中，按滑鼠右鍵點選專案名稱，選擇 **Clone**。
- 在 Command Manager 中，點選 **Flow Simulation**，選擇 **Clone Project** 🖹。
- 點選工具→ **Flow Simulatiom** → **Project** → **Clone Project**。

STEP **13** **複製專案**

在 Flow Simulation 分析樹中按滑鼠右鍵點選專案名稱，選擇 **Clone**。

在 **Project Name** 中輸入 "Layer of Insulation 7mm"。

在模型組態下方選擇 **Select**，勾選 **Layer of Insulation 7mm** 核選框。**Copy results** 前面的核選框仍然保持為勾選狀態，如圖 3-34 所示。點選 **OK**。

對兩條警告訊息按兩次 **Yes** 為計算域和網格設置將被重置。

這一步將新建一個專案 Layer of Insulation 7mm，並與模型組態 Layer of Insulation 7mm 相關聯。前一專案的所有設置都將複製到這個新專案中。我們可以進一步設置並運算這個專案。

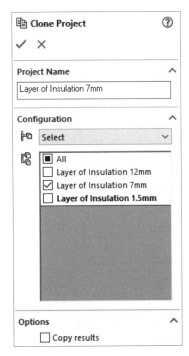

圖 3-34　複製專案

STEP 14 定義計算域的尺寸和邊界條件

由於模型的大小發生了變化，計算
域的大小需要重新編輯。對計算域 **Edit
Definition**。在 **Size and Conditions** 下
方點選 **Reset**，將 **Z max** 減小到 0.01m，
設置 **Z min** 為 0m。保持其餘設置不變。
點選 **OK**，如圖 3-35 所示。

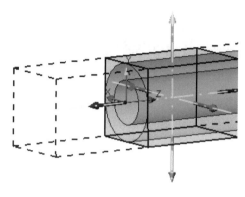

🌐 圖 3-35　定義計算域

STEP 15 求解這個流體模擬專案

此分析求解速度仍然很快。

STEP 16 顯示溫度（固體）的截面繪圖

我們可以觀察到表面的最高溫度降低
到大約 50.3℃，如圖 3-36 所示。

可能需要重置圖例最大最小值限制，
以便圖解反映新計算值。

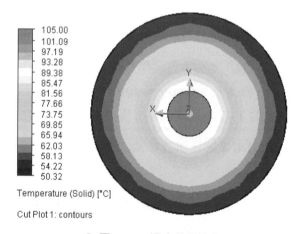

🌐 圖 3-36　溫度截面繪圖

STEP 17 查看目標結果

對已有目標結果圖 **Edit Definition**，然後點選 **Show**，如圖 3-37 所示。

Goal Name	Unit	Value	Averaged Value	Minimum Value	Maximum Value
SG Average Heat Flux 1	[W/m^2]	381.934	381.934	381.934	381.934
SG Heat Transfer Rate 2	[W]	0.216	0.216	0.216	0.216
SG Average Temperature (Solid) 3	[℃]	50.46	50.46	50.46	50.46

🌐 圖 3-37　目標結果圖

　　絕緣體表面的平均溫度降低到 50.5℃，但是熱交換率增加到 0.216W。7mm 厚的絕緣
體不但降低了外表面的溫度，而且提高了熱交換率。這是由於擴大了與周圍空氣接觸面積
所導致的。

STEP 18 對 12mm 絕緣體的情況建立專案並求解問題

　　按照 STEP 13~15 的內容複製專案，求解 12mm 厚度絕緣體下模擬結果。

STEP 19 顯示溫度（固體）的截面繪圖

　　和預期的一樣，絕緣體表面最高溫度又一次降低了，這一次降到大約 41.15℃，如圖
3-38 所示。

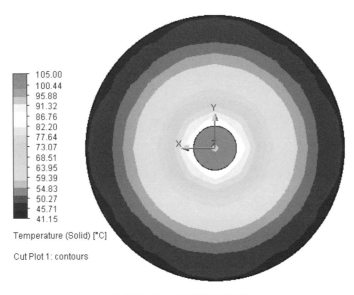

◎ 圖 3-38　溫度截面繪圖

STEP 20 查看目標結果

　　對已有目標結果圖 **Edit Definition**，然後點選 **Show**，如圖 3-39 所示。

Goal Name	Unit	Value	Averaged Value	Minimum Value	Maximum Value
SG Average Heat Flux 1	[W/m^2]	243.989	243.989	243.989	243.989
SG Heat Transfer Rate 2	[W]	0.184	0.184	0.184	0.184
SG Average Temperature (Solid) 3	[℃]	41.27	41.27	41.27	41.27

◎ 圖 3-39　目標結果圖

絕緣體表面的平均溫度再次降低到 41.3℃，同時熱交換率降到 0.184W。12mm 厚的絕緣體會導致外表面溫度降低，但是保留了更多熱量在系統中。

總結

在本練習中，我們分析了一個由 PVC 絕緣體包覆銅芯的電纜。在一個直壁上加入絕緣體通常會減少熱傳遞，這是符合預期的。然而，對於圓柱體和球體這樣的幾何，這種現象並不明顯。在這個練習中也展示了這樣的現象：最初，隨著絕緣體半徑增大，外表面的溫度會降低，熱交換率會增加。這是由於擴大了與周圍空氣接觸面積所導致的。然而，隨著半徑持續增大，外表面的溫度會持續降低，但是熱交換率也開始降低。

絕緣體存在一個臨界半徑，它對應著最大的熱交換率。這個厚度可以對加熱的絕緣銅線提供最佳冷卻方案。

04

外部流場暫態分析

順利完成本章課程後，您將學會：

- 產生一個二維平面流場分析

- 使用雷諾數方程式對一個外部流場分析施加速度邊界條件

- 使用求解自適性網格細化選項

- 使用動畫顯示結果

- 產生一個暫態動畫

4.1 案例分析：圓柱周遭流場

在本章中，在分析圍繞圓柱體的流體流動時，會使用二維平面流動。由於流體圍繞實體流動，不流入實體之中，因此將其視為外部流場。在定義速度邊界條件時將會用到雷諾數方程式和自適性網格技術，確保在這個模擬中可以使用品質良好的網格。

範例中的流動模式取決於雷諾數，而雷諾數又與圓柱的直徑相關。在低雷諾數（4<Re<60）下，在圓柱體的尾部會形成兩個穩定的漩渦並依附在圓柱體上，如圖 4-1 所示。

在較高的雷諾下，流動變得不穩定起來，而且在通過圓柱體的尾跡區域會出現馮卡門渦街現象。而且，在 Re>60…100 時，附著在圓柱體上的漩渦開始發生振盪，並從圓柱體中脫離出來，流動模式如圖 4-2 所示。

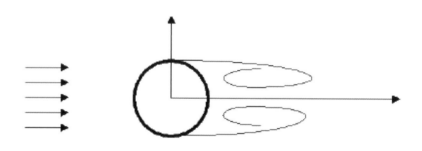

● 圖 4-1　低雷諾數下流過圓柱體（4<Re<60）

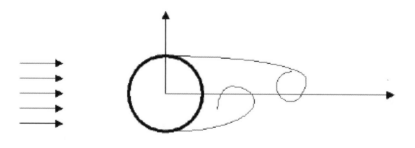

● 圖 4-2　高雷諾數下流過圓柱體（Re>60…100）

4.2 專案描述

溫度和壓力分別為 293.2K 和 1atm（1atm=101325Pa）的水流過直徑為 0.01m 的圓柱體，如圖 4-3 所示。當流動的雷諾數（Re）為 140 時，計算其對應的阻力係數。輸入 1% 作為流入的紊流強度。本章的後面部分還會更深入地討論紊流強度。

該專案的關鍵步驟如下：

(1) **產生一個專案**：使用 **Wizard** 建立一個外部流場分析。

(2) **定義計算域**：可以在模型中使用對稱條件，以簡化計算域。

◉ 圖 4-3　圓柱體

(3) **設定自適性網格細化**：將使用自適性網格劃分技術，以確保在高紊流區域能夠產生高品質的網格。

(4) **設定計算目標**：使用者將在分析運算完成後取得特定參數的資訊，並將其指定為目標。

(5) **運算分析**。

(6) **後處理結果**：使用各種 SOLIDWORKS Flow Simulation 的選項對結果進行後處理。

4.3 雷諾數

雷諾數是一個無因次的數值，經常用於區分不同流動狀態（例如：層流或紊流）的特性。這是流動中慣性力與黏滯力的比值度量。在低雷諾數下，黏滯力佔主導地位，流動表現為層流。當慣性力占主導地位時，將發生紊流，且對應的雷諾數也更高。雷諾數的計算公式為：

$$Re = \frac{\rho v L}{\mu}$$

公式中，ρ 為流體的密度；v 為平均速度；L 為特徵長度；μ 為流體的動力黏度。

4.4 外部流場

範例的目的是要觀察實體周遭流場情形,而不是實體內部的流動型態,因此選用外部流場。外部流場無須定義入口和出口邊界條件的 Lid。範例需要對整個計算域定義流動條件。

操作步驟

STEP> 1 開啟零件檔案

從 Lesson04\Case Study 資料夾中開啟檔案"cylinder"。

STEP> 2 新建專案

使用 **Wizard**,按照表 4-1 新建一個專案。

表 4-1 專案設定

Configuration name	使用當前值:"Default"
Project name	"Re 140"
Unit system	"SI(m-kg-s)"
Analysis Type Physical Features	External 對這個特定模型,沒有必要勾選 **Exclude cavities without flow conditions** 核選框,因為模型沒有內部空間 勾選 **Time-dependent**(暫態)核選框 在 **Total analysis time** 框中,輸入 80s 在 **Output Time step** 中,輸入 4s
Database of Fluid	在 **Liquids** 列表中,在 **Water** 上按滑鼠兩下
Wall conditions	在 **Default wall thermal condition** 列表中,選擇 **Adiabatic wall** 在 **Roughness** 框中,輸入 0 micrometer
Initial conditions	在 **Velocity Parameters** 下,點選 **Velocity in the X-dircetion** 欄位 點選 **Dependency**,在 **Dependency** 視窗中,**Dependency type** 選擇 **Formula definition** 在 **Formula** 欄位中,輸入 140*(0.00101241/0.01/998.19)。這是相對自由流速度的雷諾數計算公式。點選 **OK** 在 **Turbulence Parameters**(紊流強度)中,設定 **Turbulence Intensity** 為 1%,點選 **Finish**

4.5 暫態分析

比較有趣的是，Flow Simulation 的求解器假設所有的分析都是暫態的。對一個 "穩態" 分析而言，求解器也是執行暫態分析，並觀察流動區域的收斂，進而判斷分析是否達到穩定狀態。

在使用 **Wizard** 時將這個分析定義為 **Time-dependent**。當選擇此項後，讓分析運算 80s，並每隔 4s 存檔一次。之所以選擇 80s，是為了給流場有足夠的時間進行流動發展；而選定 4s，是為了確保結果演算比較平穩。

注意，4s 並非所選的求解時間步階，而是只有時間步階上的結果才會得到保存。因此，分析會對 21（80/4+1，初始時間也算 1 步）個時間步階保存結果。在這點上，我們不知道求解將使用多少求解時間步階，只知道結果每 4 秒保存一次。

◆ **討論**

如果不使用 **Time-dependent** 選項並嘗試求解本問題，請試想一下會發生什麼狀況？求解器將執行分析並尋求其穩態解。由這個問題的特性（紊流漩渦以振盪的方式脫離圓柱體）決定，穩態解並不存在，而且求解也不會達到收斂。如果得到了收斂的結果，則最終結果不會是完全準確的，這是振盪脫離的時間相關特性所決定的。

值得注意的是，對於這類問題穩態解要麼不可能收斂，要麼不符合物理邏輯，因為流動區域仍是不穩定的。在這些情況下，必要進行暫態分析，以完整求解流動區域的特性。

4.6 紊流強度

紊流可分為兩類：波動流和平均流。紊流強度定義為波動速度除以平均（即自由流）速度並乘以 100。

一般來講，紊流是一個極其複雜的現象，即便從理論的觀點也還不能完全解釋。因此，測量一個流動的紊流強度也只有從一系列的實驗中取得。

SOLIDWORKS Flow Simulation 對外部流場設定預設數值為 0.1%，對內部流動設定預設數值為 2%。嚴格來說，這個數值非常難以獲得。然而，流過圓柱體的例子已經被研究得很透徹了，1% 這個數值在實驗和分析中都得到了驗證。

所選紊流強度的預設值可以對絕大多數的問題提供最大限度的準確結果。建議使用者採用這些預設的數值，除非使用者對該問題研究得非常透徹並知道紊流強度的大小。範例中修改這個數值，只是因為這個問題被研究得非常透徹了。

4.7 求解自適性網格細化

求解自適性網格劃分的方法是在計算過程中，配合計算網格達到最佳求解結果的過程。求解自適性網格方法會在梯度高的流域細分網格元素，而在梯度低的區域合併網格元素。如圖 4-4 所示給出了自適性網格劃分方法的案例。SOLIDWORKS Flow Simulation 允許使用者更改控制預設的求解自適性網格劃分過程的參數數值。求解自適性網格劃分的選項可透過手動的方式設定。

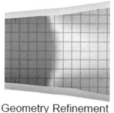
Geometry Refinement

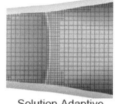
Solution Adaptive Refinement

➲ 圖 4-4　自適性網格劃分

4.8 二維流動

概括地講，流體動力學是一門研究三維流動的學問。壓力、速度、溫度及其他流體屬性在各個方向都可能變化顯著。在計算流體力學中，計算每個維度上的這些屬性將是非常耗時的。然而在一般情況下，這些屬性可能只在一維（例如管道流）或二維（例如圓柱周遭流場）變化，這樣可以極大地減少計算時間。在範例中，假設圓柱體無限長，因此沿著圓柱的長度方向（Z 方向），流域不會發生改變。可以利用對稱的條件來模擬平面流動。

STEP> 3 初始整體網格設定

按滑鼠右鍵點選 **Global Mesh** 並選擇 **Edit Definition**。調節 **Level of Initial Mesh** 到 5。

STEP 4　定義流動對稱條件和計算域的大小

在 SOLIDWORKS Flow Simulation 分析樹中，按滑鼠右鍵點選 Input Data 下的 **Computational Domain**，選擇 **Edit Definition**。

在 **Type** 選項視窗中點選 **2D Simulation**，選擇 **XY Plane**。

在計算域的 **Size and Conditions** 選項視窗中，按圖 4-5 所示輸入對應的尺寸。

> 提示　在 Z 方向，邊界類型和尺寸被分到自動設定為 **Symmetry** 和 ±0.001m。

點選 **OK**。

對這個問題來說，不需要指定其他的邊界條件。

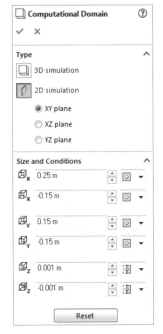

◉ 圖 4-5　設定計算域

4.9 計算域

對大多數外部流場分析來說，預設的計算域（Computational Domain）是滿足計算需求的。然而對於這個例子而言，希望在流體接觸到圓柱體和離開計算域時，流場能夠得到充分的發展計算。因此手動編輯這些尺寸的大小，以確保能夠捕捉到充分發展的流場。

4.10 計算控制選項

Calculation Control Options 定義關於求解器不同的參數。**Calculation Control Options** 視窗有四個頁籤，分別定義不同的設定；**Finish**、**Refinement**、**Solving** 和 **Saving**。

4.10.1 完成

結束條件主要用於定義求解器判定達到收斂的時機。求解完成時還可以透過電子郵件獲得通知。當判定求解器收斂的時機時，可以借助 6 個不同的選項。

(1) **Goals Convergence**：在計算停止之前，定義目標是否達到收斂。

(2) **Physical time**：指定該分析將計算的最大物理時間。在這個案例中，使用 **Wizard** 設定分析時，已經在最大物理時間中輸入了 80s。

(3) **Iterations**：在完成計算之前，定義求解器的最大迭代數。

(4) **Travels**：從計算域流過一次的時間被定義為一個行程。它用於定義在計算過程中最大的流過次數。

(5) **Calculation time**：指定計算將耗費的最大時間。

(6) **Refinements**：這個參數用於定義當自適性網格細化處於使用狀態時，在計算過程中有多少個網格可以細化。

4.10.2 細化

細化（Refinement）條件用於定義控制求解自適性網格細化的參數。如果想瞭解更多這些參數的資訊，請參考幫助功能表。

4.10.3 求解

求解（Solving）頁籤包括與高階求解相關的選項，例如時間步階、嵌套迭代、流動凍結及其他選項。

4.10.4 保存

這裡主要定義在求解過程中結果保存（Saving）的時間。

STEP> 5 設定求解完成條件

在 Flow Simulation 分析中按滑鼠右鍵點選 Input Data 並選擇 **Calculation Control Options**。

點選 **Finishing** 頁籤。對於一個模擬有多種 **Criteria to stop** 可以選擇。在這個例子中，我們保持 **Physical time** 為預設的 80s。

STEP 6 設定保存

點選 **Saving** 頁籤。

確認 **Save before refinement** 跟 **Save backup every** 有勾選。

在 **Full Results** 底下，勾選 **Periodic**，從 iteration drop-down 中選擇 **Physical time [s]**，在 **Start** 中輸入 0s，**Periodic** 中輸入 1s，不要點選 **OK**。如圖 4-6 所示。

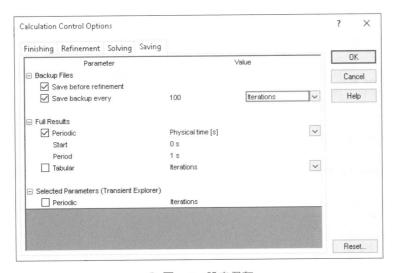

◉ 圖 4-6 設定保存

STEP 7 設定計算細化

仍在 **Calculation Control Options** 視窗中點選 **Refinement** 頁籤，如圖 4-7 所示。

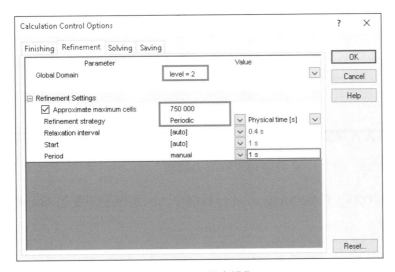

◉ 圖 4-7 設定細化

在 **Global Domain** 的 **Value** 中，選擇 **level=2**。

勾選 **Approximate Maximum Cells** 核選框並輸入數值 750000。

在 **Refinement strategy** 列表中，選擇 **Periodic**。

點選 **OK**。

提示　更多關於**求解自適性設定**的資訊，請在 **Calculation Control Options** 窗口的 **Refinement** 頁籤中點選幫助。

STEP 8　定義工程目標

在 SOLIDWORKS Flow Simulation 分析樹中，按滑鼠右鍵點選 **Goals** 並選擇 **Insert Global Goals**。

在 **Parameter** 列表中，勾選 **Force (X)** 對應的核選框。點選 **OK**。

4.10.5　阻力方程式

阻力方程式定義如下：

$$F_d = \frac{1}{2}\rho v^2 C_d A$$

公式中，ρ 為流體的密度；v 為自由流場的速度；A 為前沿面積（流入方向流場所見面積）；C_d 為阻力係數，不同形狀的物體具有不同的阻力係數，不同雷諾數下的流動也會影響到阻力係數的大小。

提示　阻力方程式是根據非常理想化的情形，只是作為一個近似值。

STEP 9　插入方程式目標

使用阻力方程式和力的 X 分量來求解阻力係數。

在 SOLIDWORKS Flow Simulation 分析樹中，按滑鼠右鍵點選 **Goals** 並選擇 **Insert Equation Goal**。

從 SOLIDWORKS Flow Simulation 分析樹中選擇 **Global GoalGG Force (X) 1**。將其新增到 **Expression** 框中。

在 **Expression** 框中，手動輸入 "*2*998.19/1.01241e-3^2*0.01/(2*0.001)/140^2" 以完成這個方程式。該方程式組合了阻力方程式和雷諾數方程式。

在 **Dimensionality** 列表中，點選 **No unit**。

點選 **OK**，如圖 4-8 所示。

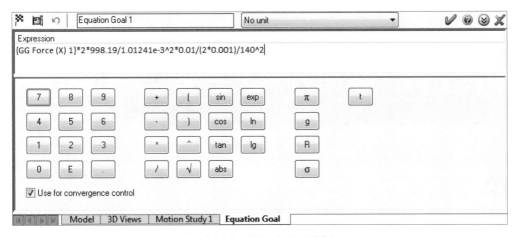

◉ 圖 4-8　輸入方程式目標

STEP 10　重新命名方程式目標為 C_d

C_d 就是阻力係數的縮寫。

STEP 11　執行這個分析

請確認已經勾選 **Load results** 核選框。

點選 **Run**。

求解器大約需要 10min 時間進行運算。

STEP 12　產生截面繪圖

選擇 Plane1 基準面，定義一個 **Pressure** 在截面繪圖。

在 **Display** 選項視窗中，選擇 **Contours** 和 **Vectors**。

設定 **Number of Levels** 為 100。

點選 **OK**，顯示該結果繪圖，如圖 4-9 所示。

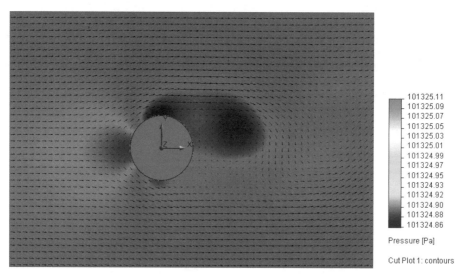

◉ 圖 4-9　靜壓截面繪圖

> 提示　最大和最小壓力的差值為 0.245Pa。

4.10.6　不穩定漩渦脫離

在 Re>60…100 時，漩渦在阻力和側面力的作用下開始發生振盪而變得不穩定，使其從圓柱體中脫離出來，並在流過圓柱體之後的區域形成卡門渦街現象。圖 4-10 所示為 X 方向繞過圓柱體的速度場圖。

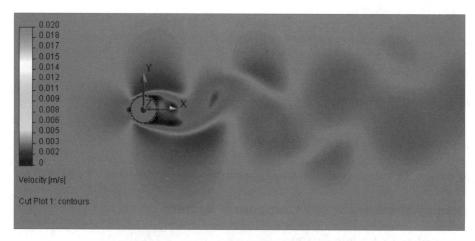

◉ 圖 4-10　Re=140 時流過圓柱體的速度場圖

STEP **13** 查看帶網格的截面繪圖

在 Flow Simulation 分析樹中，按滑鼠右鍵點選 **Results** 下的截面繪圖 **Cut Plot 1**，選擇 **Edit Definition**。

取消對 **Contours** 和 **Vectors** 的選定狀態。

點選 **Mesh** 並選擇 **OK**，如圖 4-11 所示。

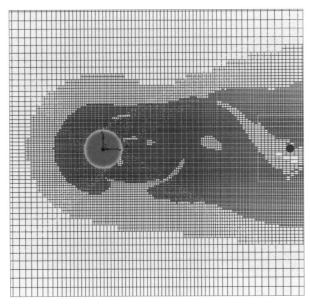

◉ 圖 4-11　網格截面繪圖

4.11 時間動畫

在本書 "第 1 章" 中已經介紹了結果動畫，在動畫中剖面基準面沿著模型移動以觀察結果在特定時間（或在穩態分析結束時）變化的過程。下面的步驟將演示如何在一個固定的位置產生一個暫態的動畫。

STEP **14** 編輯截面繪圖

編輯 **Cut Plot 1**，取消 **Mesh** 的選中狀態，重新點選 **Contours**。

STEP **15** 動畫顯示截面繪圖

按滑鼠右鍵點選 **Cut Plot 1** 並選擇 **Animation**。

STEP> **16** 使用 Wizard 設定動畫

展開 Animation 1 動畫樹,並點選動畫工具列的 Wizard 💁,如圖 4-12 所示。

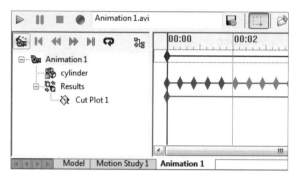

◎ 圖 4-12　設定動畫

STEP> **17** 刪除現有軌跡

在 **Animation Wizard** 的第一個頁面中,勾選 **Delete all existing tracks** 核選框。**Animation time** 保持 10s 不變,如圖 4-13 所示。

點選 **Next**。

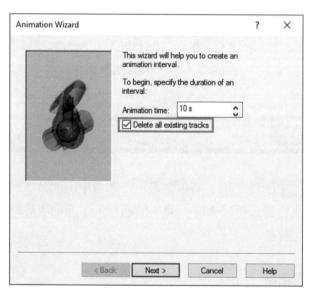

◎ 圖 4-13　勾選 Delete all existing tracks 核選框

STEP> **18** 指定視圖動畫

預設情況下模型在動畫中不轉動,這裡保留這個預設設定。

STEP **19** 選擇動畫類型

在第三個頁面中，選擇 **Scenario**，如圖 4-14 所示。點選 **Next**。

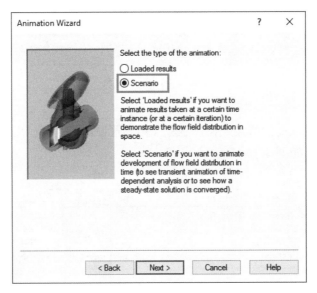

◉ 圖 4-14　選擇動畫類型

STEP **20** 設定單位和分佈

在第四個頁面中，選擇 **Uniform distribution**，並在 **Units** 中指定 **Physical time**，如圖 4-15 所示。

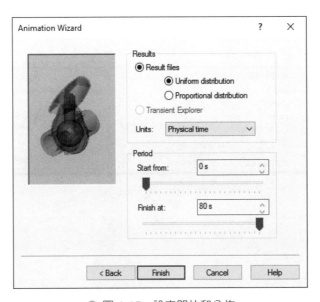

◉ 圖 4-15　設定單位和分佈

將滑鼠移至動畫 1 的時間刻度線上方，彈出的提示資訊如圖 4-16 所示。

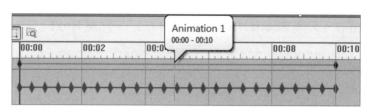

圖 4-16　提示訊息

提示　使用者也可以拖動最後一個控制點（鑽石形狀的圖標），以調整動畫一次所需的
持續時間，如圖 4-17 所示。

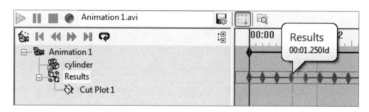

圖 4-17　調整持續時間

棕色的時間刻度線指出了載入存在內部的結果。

STEP 21　插入控制點

按滑鼠右鍵點選刻度為零的時間刻度線（請確認使用的是 Cut Plot 1），選擇 Insert
Control Point，如圖 4-18 所示。

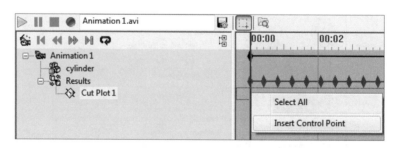

圖 4-18　插入控制點

在零刻度線選擇插入控制點，拖動時間刻度線到 10s 的位置，如圖 4-19 所示。

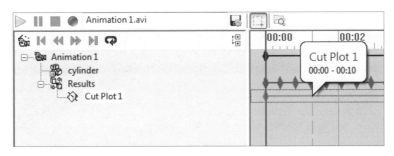

⊙ 圖 4-19　設定時間為 10s

STEP **22** 點選播放

使用者還可以點選 **Record**，將動畫儲存在電腦中。

STEP **23** 儲存並關閉該組合件

4.12 討論

圓柱周遭流場的二維流動的例子在實驗和分析上都已經研究得非常透徹了。如果在流動中隨著雷諾數的升高，那麼圓柱的阻力係數是減少的。建議使用者透過修改雷諾數的數值來觀察它對阻力係數的影響，進而更深入地研究這一現象。

在給定一個與流體的雷諾數直接相關的頻率時，可以觀測到漩渦的脫離。當設計一個容易出現這類流體脫離的結構時，取得頻率的數值相當重要。如果結構的自然頻率在漩渦脫離的頻率範圍內，則結構可能喪失其剛性，進而導致損壞。

4.13 總結

在本章中，研究了經典的圓柱周遭流場這一流體動力學問題。對外部流場分析採用了對稱的邊界條件來簡化計算，還使用了求解自適性網格技術，以確保圓柱的尾跡區域得到可靠的結果。之後觀察並討論了紊流及漩渦脫離，最後，利用動畫 Wizard 產生可視化的流動動畫。

練習 4-1 電子冷卻

在這個練習中,需要對一個晶片測試台進行一次與時間相關的熱傳分析。本練習將應用以下技術:

- 工程目標。
- 熱源。

◉ 問題描述

四顆晶片由特殊的材料製作而成,放置在陶瓷基座上,並置於鋁製的外殼中,如圖 4-20 所示。晶片可以產生 2W 的熱量,並在不同的時間增加點進行開關操作。空氣從一側以 0.15ft³/in 的流量吹入外殼中。對晶片進行冷卻。

在 1s 以後,對外殼內部評估溫度分佈。

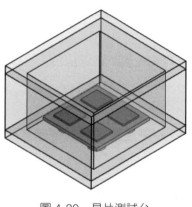

圖 4-20 晶片測試台

操作步驟

STEP 1 開啟組合件檔案

從 Lesson04\Exercises 資料夾中開啟檔案 "COMPUTER CHIP"。

STEP 2 新建一個材料

晶片和基座都由使用者指定的材料定義,這些並非 SOLIDWORKS Flow Simulation 工程資料庫的預設材料。為了將此材料新增進來,在設定 SOLIDWORKS Flow Simulation 專案之前需要先進行以下幾步操作:

從 **Flow Simulation** 功能表中,選擇 **Tools → Engineering Database**。

展開 **Database tree** 下的材料資料夾,選擇 **Solids → User Defined**。

在工程資料庫工具列中點選 **New Item** ⬚,或按滑鼠右鍵點選 **User Defined** 資料夾並選擇 **New Item**,如圖 4-21 所示。

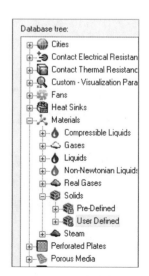

◉ 圖 4-21 新建材料

STEP▶ 3　輸入材料屬性

將出現一個空白的 **Item Properties** 頁籤。按照表 4-2 指定材料的屬性（點兩下空白的欄位並設定對應的屬性值）。

表 4-2　材料屬性

Property	Value
Name	Chip Material
Density	2330 kg/m^3
Specific Heat	670 J/(kg・K)
Thermal Conductivity	130 W/(m・K)
Melting Temperature	1000 K

點選 **Saving** 。

> **提示**
> 點選 **Tables and Curves** 頁籤，使用者還可以輸入與溫度相關的材料屬性。

STEP▶ 4　新增基座材料

切換到 **Items** 頁籤，重複上面的步驟，按照表 4-3 列出的屬性值新增基座的材料。

表 4-3　材料屬性

Property	Value
Name	Ceramic Porcelain
Density	2330 kg/m^3
Specific Heat	877.96 J/(kg・K)
Thermal Conductivity	1.4949 W(m・K)
Melting Temperature	1000 K

點選 **File → Exit**，關閉工程資料庫。

STEP▶ 5　新建專案

點選 SOLIDWORKS 的 **Tools → Flow Simulation → Project → Wizard**。使用 Wizard，按照表 4-4 的屬性值新建一個專案。

表 4-4　專案設定

Configuration name	使用當前："Default"
Project name	"Transient Heat Source"
Unit system	SI(m-kg-s) 更改 **Temperature** 的單位為℃
Analysis Type Physical Features	內部流場 **Internal** 勾選 **Fluid Flow** 核選框 勾選 **Time-dependent** 核選框，在 **Total analysis time** 框中輸入 1s，在 **Output Time step** 中輸入 0.1s。
Database of Fluid	在 **Gas** 列表中，於 **Air** 上按滑鼠兩下
Solids	**Solids** 設為剛才自定義的 **Ceramic Porcelin**
Wall conditions	在 **Default wall thermal condition** 列表中，選擇 **Adiabatic wall** 在 **Roughness** 框中，輸入 0 micrometer
Initial conditions	預設值，點選 **Finish**

STEP 6 設定初始整體網格

按滑鼠右鍵點選 **Global Mesh** 並選擇 **Edit Definition**。保持 **Level of Initial Mesh** 為 1。設定 **Minimum Gap Size** 為 0.00254m，點選 **OK**。

STEP 7 施加入口邊界條件

在 Flow Simulation 分析樹中，按滑鼠右鍵點選 Input Data 下的 **Boundary Condition**，選擇 **Insert Boundary Condition**。

選擇外殼的內側表面，如圖 4-22 所示。

在 **Boundary Condition** 視窗中，選擇 **Type** 選項視窗中的 **Flow openings**，並在 **Type of Boundary Condition** 中選擇 **Inlet Volume Flow**。

◉ 圖 4-22　設定入口邊界條件

在 **Flow Parameters** 選項視窗中，點選 **Normal to face**，並在 **Volume flow rate normal to face** 框中輸入 0.005m³/s。

點選 **OK**。

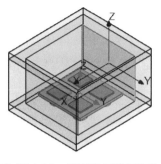

STEP 8 施加出口邊界條件

參照上面的步驟，按滑鼠右鍵點選 Boundary Condition 並選擇 **Insert Boundary Condition**。

選擇外殼另一側的內側表面，如圖 4-23 所示。

在 **Boundary Condition** 視窗中，選擇 **Type** 選項視窗中的 **Pressure openings**，並在 **Type of Boundary Condition** 中選擇 **Static Pressure**。

點選 **OK**，接受預設的環境參數。

◉ 圖 4-23　設定出口邊界條件

STEP 9 為 Chip<1> 施加熱源

需要指定熱源來模擬晶片的產熱。在 Flow Simulation 分析樹中，按滑鼠右鍵點選 Heat Sources，選擇 **Insert Volume Source**。

選擇零件 "Chip<1>"，在 **Parameter** 選項視窗中選擇 **Heat Generation Rate**。

點選 **Dependency** f_x，如圖 4-24 所示。在 **Dependency** 視窗中，選擇 **F(time) - table** 並輸入表 4-5 的數值，或直接從本書下載範例中提供的 Excel 文件中複製這些數值。

◉ 圖 4-24　熱源與時間關係設定

表 4-5　F(time) - value 的設定

Values t(secs)	Values f(t) (W)
0	2
0.099	2
0.1	0
0.399	0
0.4	2
0.499	2
0.5	0
0.799	0
0.8	2
0.899	2
0.9	0
1.0	0

選擇 **Preview chart**，顯示使用者輸入數值對應的圖表，點選 **OK**。

點選 **OK**，關閉 **Volume Source** 視窗。

在 SOLIDWORKS Flow Simulation 分析樹中，將 Heat Sources 下的 VS Heat Generation Rate 1 重新命名為"VS Chip1-1"。

複製並貼上熱源數據：在體積熱源的 Dependency 表格視窗中，使用者可以在表格中點選並拖動滑鼠游標以框選所有數值。在亮顯的表格中使用按滑鼠右鍵點選沒有絲毫作用，但是如果使用者按下 Ctrl+C，則可以複製其內容。當使用者開啟一個新的熱源 Dependency 表格時，選擇表格的第一個欄位並按下 Ctrl+V，則所有數值就會正確地複製到表格中。使用者還可以修改每顆晶片熱負載的時間點，以確保熱源是在不同時間間隔下施加的。

STEP 10 開啟 **Heat Transfer.xls** 以取得所有晶片的 **Input Data**

重複前面的步驟，對 Chip<2>、Chip<3> 和 Chip<4> 施加體積熱源，使用表 4-6 中列出的數據，或直接使用 Lesson04\Exercises\Heat Transfer.xls 中的表格數據。

表 4-6　晶片的 Input Data

Chip<2>		Chip<3>		Chip<4>	
Values t(secs)	Values f(t) (W)	Values t(secs)	Values f(t) (W)	Values t(secs)	Values f(t) (W)
0	0	0	0	0	0
0.099	0	0.199	0	0.299	0
0.1	2	0.2	2	0.3	2
0.199	2	0.299	2	0.399	2
0.2	0	0.3	0	0.4	0
0.499	0	0.599	0	0.699	0
0.5	2	0.6	2	0.7	2
0.599	2	0.699	2	0.799	2
0.6	0	0.7	0	0.8	0
0.899	0	1.0	0	1.0	0
0.9	2				
1.0	2				

STEP **11** 查看所有晶片的體積熱源圖表（圖 4-25）

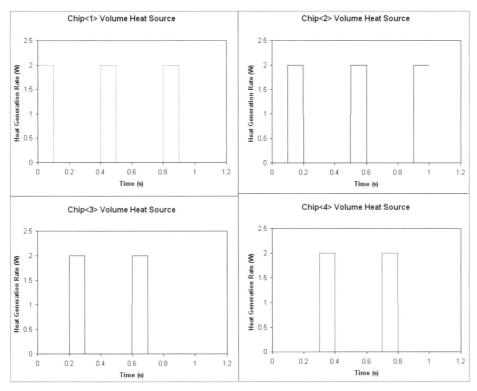

◉ 圖 4-25　體積熱源圖表

STEP **12** 指定晶片材料

在 SOLIDWORKS Flow Simulation 分析樹中，按滑鼠右鍵點選 Solid Material 並選擇 **Insert Solid Material**。

在 **Selection** 選項視窗中，選擇 Chip<1>、Chip<2>、Chip<3> 和 Chip<4>。

在 **Solid** 選項視窗中。瀏覽到 **User Defined** 並為所有晶片指定 **Chip material**，如圖 4-26 所示。點選 **OK**。

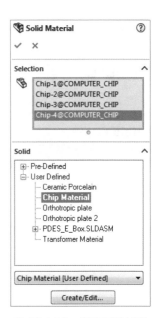

◉ 圖 4-26　指定晶片材料

STEP 13 為 **cover** 指定材料

和上面的步驟一樣,對 Top Cover-1、Bottom Cover-1 和 Enclosure 指定 **Aluminum**(從 **Pre-Defined** 的材料目錄下選取)。

> 提示 因為已經使用 **Wizard** 將預設的材料設定為 **Ceramic Porcelain**(陶瓷),剩下沒有選擇的零件(Substrart<1> 和 Stand-offs<1>)將被自動指定為 **Ceramic Porcelain** 材料。使用者也可以自行檢驗預設的材料,只需按滑鼠右鍵點選 SOLIDWORKS Flow Simulation 分析樹中的 Input Data 並選擇 **General Settings → Solids**。

STEP 14 定義工程目標(**Volume Goal**)

按滑鼠右鍵點選 SOLIDWORKS Flow Simulation 分析樹中的目標,選擇 **Insert Volume Goal**。

在 **Volume Goal** 視窗中,找到 **Parameter** 列表中的 **Temperature (Solid)**,勾選 **Max** 核選框。

在 SOLIDWORKS FeatureManager 設計樹中,在**可應用體積目標的組件**選項視窗中,選擇 Chip<1>。

點選 **OK**。

STEP 15 對其他三顆晶片產生相似的 **Volume Goal**

STEP 16 定義工程目標(**Global Goal**)

按滑鼠右鍵點選 SOLIDWORKS Flow Simulation 分析樹中的目標,選擇 **Insert Global Goals**。

在 Global Goal 視窗中,找到 **Parameter** 列表中的 **Temperature (Solid)**,選擇 **Max**。點選 **OK**。

17 求解這個流體模擬專案

從 **Tools → Flow Simulation** 功能表中,點選 **Solving → Run**。

請確認已經勾選 **Load results** 核選框。

點選 **Run**。

> **提示** 在規格 3.6GHz Intel Xeon E5 和 16GM RAM 的工作站上,此分析需要計算大約 10min。

下面幾頁中的顯示結果可能與使用者的計算結果有所差異,這取決於使用者如何對每顆晶片施加與時間相關的熱源有關。

 18 設定模型透明度

從 **Tools → Flow Simulation** 功能表中,點選 **Results → Display → Transparency**。

移動滑塊至右側,以增加 **Value to set**,將模型的透明度設定為 0.75。點選 **OK**。

> **提示** 一旦流體模擬完成計算,使用者就可以查看其結果。然而,如果使用者重新開啟模型,則結果需要重新加載進來。

*.fld 文件包含所有時間步的結果,當然也包含最後一個時間步。在 SOLIDWORKS Flow Simulation 專案的資料夾下還有其他 10 個稱之為 "r_00xxx.fld" 的結果檔案,其中 xxx 代表特定的迭代序號,分別對應 0.1s,0.2s,0.3s…等的儲存時間點。

STEP **19** 產生截面繪圖

在 Flow Simulation 分析樹中,按滑鼠右鍵點選 **Results** 下方的 cut plot,然後選擇 **Insert**。

選擇 Top 視圖基準面以替代 Front 視圖基準面。在 **Offset** 中輸入 -0.005m。

在 **Display** 選項視窗中點選 **Contours** 和 **Vectors**。

在 **Contours** 選項視窗中選擇 **Temperature** 並將 **Number of Levels** 提高到 50。

點選 **OK**,關閉 **Cut Plot** 窗口,如圖 4-27 所示。

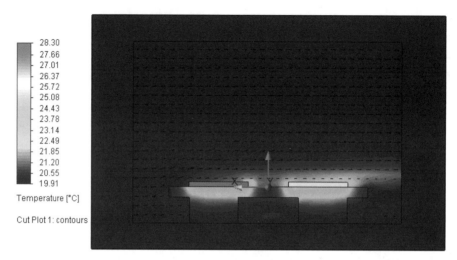

◉ 圖 4-27 溫度截面繪圖

STEP 20 隱藏 Cut Plot 1

STEP 21 產生表面繪圖

確認 Enclosure<1> 和 Top and Bottom Covers<1> 這兩個零件是透明顯示的,或者是被隱藏起來。

選擇 Chip<1>、Chip<2>、Chip<3>、Chip<4>、Substrate<1> 和 Stand-offs<1>,產生表面繪圖。

在 **Display** 選項視窗中點選 **Contours**。

在 **Contours** 選項視窗中選擇 **Temperature (Solid)** 並將 **Number of Levels** 提高到 50。

點選 **OK**,如圖 4-28 所示。

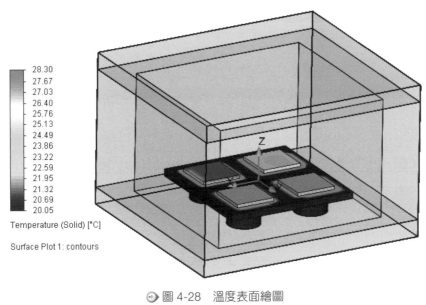

Temperature (Solid) [°C]

Surface Plot 1: contours

◉ 圖 4-28　溫度表面繪圖

STEP **22** 查看流線軌跡

在 Flow Simulation 分析樹中，按滑鼠右鍵點選 Flow Trajectories 並選擇 **Insert**。

選擇 Right 基準面作為參考。

在 **Appearance** 選項視窗中，**Draw trajectories as** 列表選擇 **Line with Arrows**。在 **Constraints** 選項視窗的 **Maximum length** 欄位中輸入數值 0.75m。

點選 **OK**。

STEP **23** 查看結果

按滑鼠右鍵點選 **Results** 下的 **Goal Plots** 並選擇 **Insert**。

選擇目標下的 **All**，並在 **Abscissa** 中指定 **Physical time**。在 **Options** 下方選擇 **Group charts by parameter**，方便在一個圖中查看所有溫度目標結果繪圖。點選 **Export to Excel**。

Excel 的表格將會開啟。表格顯示了每顆晶片總體溫度與物理時間的函數關係的簡要訊息，如圖 4-29 所示。

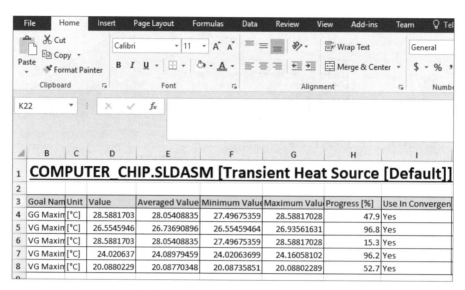

◉ 圖 4-29　在 Excel 表格中查看結果

STEP **24** 查看結果繪圖

　　在 Excel 文件中，在表格的底部選擇 **Temperature (Solid)** 頁籤。該結果繪圖顯示了每顆晶片的溫度與物理時間的函數關聯，如圖 4-30 所示。

　　在 Excel 檔中，使用者可以選擇 **Plot Data** 頁籤，以查看結果繪圖的準確數值。

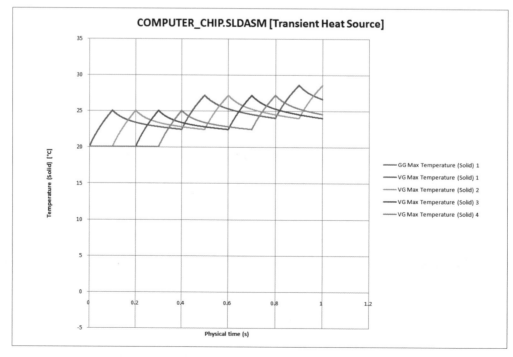

◉ 圖 4-30　溫度與時間的關係

05

共軛熱傳

順利完成本章課程後，您將學會：

- 對一個使用真實氣體的冷卻板建立一個穩態的共軛熱傳分析

- 定義多個流體區域

- 使用真實氣體（real gases）

- 在流體和實體區域產生溫度結果繪圖

5.1 案例分析：產熱冷卻板

在本章中，需要使用真實氣體和多個流域進行一次穩態的共軛熱傳分析。需要定義多個流域，而且還要將計算結果產生多個截面繪圖，學習正確地對這類分析的結果進行後處理。

5.2 專案描述

一塊產熱的冷卻板置於開放的大氣環境中，板的頂面可以產生 200W 的熱量。該板由冷卻管進行冷卻，如圖 5-1 所示。管道內的流動介質為 R-123，並從入口以 0.001kg/s 的流量和 -5℃的溫度流入管道。

從平板和周圍的空氣來查看穩態的溫度分布。

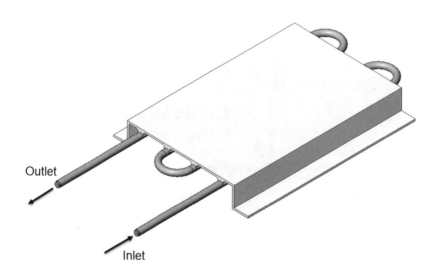

Outlet

Inlet

◉ 圖 5-1　冷卻板

該專案的關鍵步驟如下：

(1)　**新建專案**：使用 **Wizard**，新建一個穩態熱傳分析。

(2)　**定義子流域**：由於模型中不只存在一種流體，必須定義獨立的子流域。

(3)　**施加邊界條件**：必須定義流體流入和流出的條件。

(4)　**指定熱源**：必須定義熱進入模型的方式。

(5) **設定計算目標**：一些特定的參數可以定義為分析目標，在完成分析後使用者可以取得這些參數的訊息。

(6) **運算分析**。

(7) **後處理結果**：使用各種 SOLIDWORKS Flow Simulation 的選項來進行結果的後處理。

5.3 共軛熱傳概述

共軛熱傳包含對流和傳導這兩種熱交換方式。在預設情況下，SOLIDWORKS Flow Simulation 只會考慮流體中對流引起的傳熱，而不會考慮實體間的熱傳導，在定義這個模擬時必須勾選該選項來計算實體間的熱傳導。

5.4 真實氣體

作為對 Navier-StOKes 方程式的補充，Flow Simulation 還使用狀態方程式來求解此問題。一般情況下，氣體都被認定是理想的。這意味著氣體的分子大小可以忽略不計。這也使得氣體的壓力直接與溫度相關。

如果氣體接近氣體到液體相變點或高於臨界點（例如成為超臨界流體），理想氣體的狀態方程式就不再能夠正確描述氣體的表現形式（例如，Joule Thomson 效應），因為增加的分子間作用力會對壓力產生影響。這時需要從工程資料庫中選擇真實氣體，並採用對應的真實氣體狀態方程式。

SOLIDWORKS Flow Simulation 允許使用者在廣泛的參數中使用真實氣體，這其中包括亞臨界和超臨界區域。

操作步驟

STEP **1** 開啟組合件檔案

從 Lesson05\Case Study 資料夾中開啟檔案 "Liquid Cold Plate"。

STEP **2** 新建專案

使用 **Wizard**，按照表 5-1 的屬性新建一個專案。

表 5-1　專案設定

Configuration name	使用當前值：“Default”
Project name	“Conjugate Heat Transfer”
Unit system	SI(m-kg-s) 更改 **Temperature** 的單位為℃
Analysis Type **Physical Features**	外部 **External** 勾選 **Conduction** 核選框 勾選 **Gravity** 核選框 對這個分析而言，選擇 **Y-Component** 將數值設為 -9.81m/s^2
Database of Fluids	在 **Fluids** 列表的 **Gas** 欄中，點兩下 **Air**，將其新增到專案流體中。同時，新增 **Real Gases** 下的 **Refrigerant R-123(Real Gases)** 取消勾選 **Refrigerant R-123(Real Gases)** 核選框，以確保 **Default fluid** 類型被設定為 **Air (Gases)**
Solids	在 **Metals** 列表中，**Default Solid** 應當被設定為 **Aluminum**
Wall conditions	預設 **Roughness** 設定為 **0 micrometer**
Initial conditions	預設值，點選 **Finish**

STEP 3　設定初始整體網格

　　按滑鼠右鍵點選 **Global Mesh** 並選擇 **Edit Definition**。 保持 **Level of Initial Mesh** 為 3。設定 **Minimum Gap Size** 為 0.007874m。點選 **OK**。

 　上面定義的最小縫隙尺寸和最小壁面厚度分別對應於管子的內徑和壁厚。

STEP 4　設定計算域

　　按滑鼠右鍵點選 Input Data 下的 Computational Domain，選擇 **Edit Definition**。按照表 5-2 的數值設定計算域的大小。

表 5-2　設定計算域

Size	meters	Size	meters
X$_{max}$	0.5	Y$_{min}$	-0.10
X$_{min}$	-0.25	Z$_{max}$	0.50
Y$_{max}$	0.25	Z$_{min}$	-0.25

　　模型外圍的計算域可能影響到結果，因此必須要設得足夠大，盡可能讓流動正確發展，並減少模型外圍任何梯度的影響。本章指定的這個計算域，設計初衷是盡量最小化求解的 CPU 時間和電腦記憶體使用量，同時還要保證得到合理的準確結果。

指令TIPS Fluid Subdomain（子流域）

當一個專案中定義了多種流體時，必須對它們指定子流域。沒有指定子流域的任何內部空間都將被認定充滿了預設流體。

操作方法

- 在 Flow Simulation Features 工具列，選擇 **Fluid Subdomain** 🔳。
- 在 Commander Manager 中，點選 **Flow Simulation → Conditions** 📑 **Fluid Subdomain** 🔳。
- 點選 **Tools → Flow Simulation → Insert → Fluid Subdomain** 🔳。

STEP 5 設定子流域

定義 **Fluid Subdomain**。

選擇充滿 R-123 的管道內表面，在 **Fluid Type** 下，取消選定 **Air (Gases)**，選擇 **Refrigerant R-123(Real Gases)**。

點選 **Thermodynamic Parameters** 的雙箭頭以展開這個選項。在 temperature(T) 中輸入 -5℃，如圖 5-2 所示。

點選 **OK**。

◉ 圖 5-2　設定子流域

STEP 6 設定入口邊界條件

在 SOLIDWORKS Flow Simulation 分析樹中，按滑鼠右鍵點選 Input Data 下的 Boundary Condition，選擇 **Insert Boundary Condition**。

選擇流體入口 Lid 的內側表面（參照本章開始的圖例）。

在 **Boundary Condition** 視窗，點選 **Type** 下的 **Flow openings**，選擇 **Inlet Mass Flow**。

在 **Flow Parameters** 選項視窗中，輸入 0.001kg/s 作為質量流率。

在 **Thermodynamic Parameters** 選項視窗中，保留預設的入口溫度 -5℃。

點選 **OK**。

STEP 7 設定出口邊界條件

出口處要指定壓力條件，如果不知道出口處的壓力，則通常使用環境靜壓作為通過出口面的邊界條件。

在 SOLIDWORKS Flow Simulation 分析樹中，按滑鼠右鍵點選 **Input Data** 下的 **Boundary Condition**，選擇 **Insert Boundary Condition**。

選擇另一個出口端口的內側表面。

在 **Boundary Condition** 視窗中，點選 **Type** 下的 **Pressure openings**，選擇 **Static Pressure**。

點選 **OK**，接受預設的壓力和溫度環境參數。

STEP 8 指定熱源

在 SOLIDWORKS Flow Simulation 分析樹中，按滑鼠右鍵點選 Heat Sources，選擇 **Inlet Surface Source**。

選擇 Cold Plate 的頂面，在 **Parameter** 選項視窗中，點選 **Heat Generation Rate** 並輸入 200W，如圖 5-3 所示。點選 **OK**。

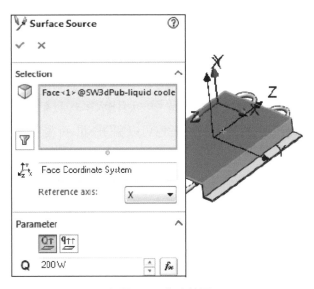

⊙ 圖 5-3　指定熱源

STEP 9　定義工程目標

在 SOLIDWORKS Flow Simulation 分析樹中，按滑鼠右鍵點選 Goals 並選擇 **Insert Global Goal**。

在 **Parameter** 列表中，勾選 **Temperature (Fluid)** 和 **Temperature (Solid)** 下的 **Max** 的核選框。

點選 **OK**。

STEP 10　執行這個專案

請確認已經勾選 **Load results** 核選框，點選 **Run**。

在規格 Intel(R) Core(TM) i7-7820HQ CPU @2.9 GHz 的工作站上，分析需要計算大約 1min。

STEP 11　監視求解器

在 **Solver** 視窗的 **Solver** 工具列中，點選 **Insert Goal Plot**。

Add/Remove Goals 窗口將會出現，勾選 **Add All** 核選框。點選 **OK**。

5.4.1 求解器窗口的目標圖

在 Goals 窗口中，每個定義的目標都將列於其中。在這裡，使用者可以觀察每個目標的當前數值和圖表，還可以看到以百分數顯示的完成進度。進度的百分比數值只是一個估計值，一般情況下進度百分比會隨著時間的增加而增大。一旦結果達到收斂，求解器完成計算，則進入下一步繼續這個目標，使用者也可以關閉 Solver 監視窗口。

STEP 12 更改顯示透明度

從 **Tools → Flow Simulation** 功能表中，選擇 **Results → Contours → Transparency**，設定 **Model Transparency** 為 0.75。

STEP 13 顯示表面繪圖

按滑鼠右鍵點選 **Results** 下的 **Surface Plots**，選擇 **Insert**。點選 Cold plate 的頂部曲面，Display 選擇 **Contours**，Contours 選項中選擇 **Temperature (Solid)** 並設定 **Number of Levels** 為 120。

點選 **OK**，如圖 5-4 所示。

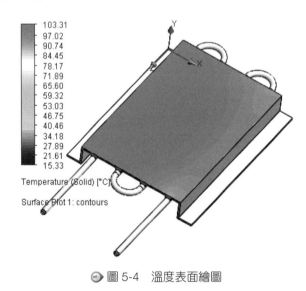

◉ 圖 5-4 溫度表面繪圖

STEP 14 查看空氣質量分布的截面繪圖

隱藏表面繪圖，按滑鼠右鍵點選 Results 下的 cut plot，選擇 **Insert**。

在選項視窗中選擇 Top。

更改 **Offset** 的數值為 0.02915m，以剛好切到充滿製冷劑管道。

選擇 **Mass Fraction of Air** 作為結果繪圖的參數。

> **提示** 如果沒有發現 **Mass Fraction of Air**，請展開 **Parameter** 下拉列表，選擇
> **Add Parameter** 並加入該參數。

再次點選 **OK**，關閉 **Cut Plot** 設定視窗，如圖 5-5 所示。

冷卻板周圍的空氣將顯示為藍色，代表空氣的質量比重為 1，充滿 R-123 的液體冷卻管不包含任何空氣。

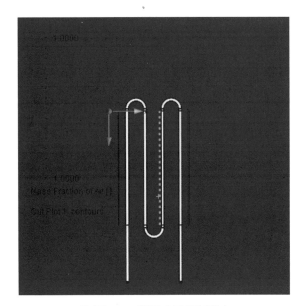

⊙ 圖 5-5　質量分量空氣分布

STEP 15 查看溫度截面繪圖

編輯 Cut Plot 1 的參數，將其更改為 **Temperature**，如圖 5-6 所示。

截面繪圖顯示了空氣和 R-123 製冷劑的溫度分布。

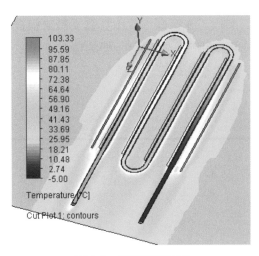

圖 5-6　溫度截面繪圖

STEP **16** 查看垂直於基準面上的溫度截面繪圖

在垂直的基準面上定義新的 **Cut Plot**。使用 SOLIDWORKS 的 Right 基準面作為參考，並在 **Offset** 中指定 0.049m，如圖 5-7 所示。

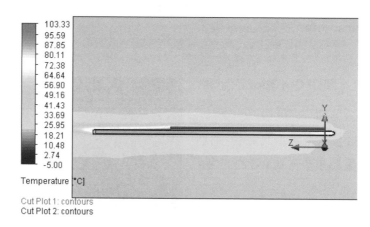

⊙ 圖 5-7　垂直基準面上的溫度截面繪圖

STEP **17** 動畫顯示截面繪圖

動畫顯示前面的截面繪圖，觀察當垂直截面切分通過模型時溫度的變化情況。

5.5 總結

在本章中，對空氣中的一塊熱板進行了一次共軛熱傳分析。充滿 R-123 的管道用於冷卻該熱板。在模擬中使用真實氣體來模擬 R-123，該氣體實際上是一種液體。這裡我們並沒有模擬相變，在沒有相變的情況下，結果的準確度將受很大影響。最後運用截面繪圖來後處理模型的結果。

練習 5-1 多流體熱交換

在這個練習中，需要對一個銅製熱交換器執行一次穩態熱分析。本練習將應用以下技術：

- 共軛熱傳。
- 工程目標。
- 後處理。

◆ 問題描述

一個銅製的熱交換器用於在空氣和水系統之間進行傳熱。

450K 的熱空氣以 0.15kg/s 的流量進入熱交換器（圖 5-8）。水以 0.1kg/s 的流量從熱交換器中通過。

本練習的目的是取得兩種介質的溫度分布。

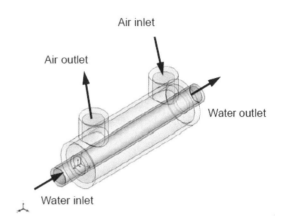

◉ 圖 5-8　熱交換器

操作步驟

STEP 1　開啟組合件檔案

從 Lesson05\Exercises 資料夾中開啟檔案 "HX"。

STEP 2　新建專案

使用 **Wizard**，按照表 5-3 的屬性新建一個專案。

表 5-3　專案設定

Configuration name	使用當前： "Default"
Project name	"Heat Exchanger"
Unit system	SI(m-kg-s)
Analysis Type Physical Features	**Internal** 勾選 **Exclude cavities without flow conditions** 核選框 勾選 **Conduction** 核選框

Database of Fluids	在 **Gas** 列表中，點兩下 **Air** 在 **Liquids** 列表中，點兩下 **Water** 確保 **Default fluid** 類型被設定為 **Air (Gases)**
Solids	**Default Solid** 設定為 **Copper**
Wall conditions	在 **Default wall thermal condition** 列表中選擇 **Adiabatic wall** 在 **Roughness** 一欄，輸入 **0 micrometer**
Initial conditions	預設值，點選 **Finish**

STEP 3 設定初始整體網格

設定 **Level of Initial Mesh** 為 3。

STEP 4 設定計算域

由於幾何與邊界條件有對稱，只需要透過半個模型來查看流動情況，因此在這裡將利用對稱的條件。在 SOLIDWORKS Flow Simulation 分析樹中，按滑鼠右鍵點選 Input Data 下的 Computational Domain，選擇 **Edit Definition**。

在 **Size and Conditions** 選項視窗中，對 **X min** 分別指定 0m 和 **Symmetry**。

點選 **OK**。

⑤ 注意　儘管在 Wizard 中已經定義了兩種流體，仍然需要告訴 Flow Simulation 軟體，這些流體到底流向了模型的什麼地方，因此必須建立 Fluid Subdomain，這兩個子流域必須是獨立的，相互之間不產生任何混合。

STEP 5 定義空氣子流域

在 Input Data 資料夾下按滑鼠右鍵點選子流域，選擇 **Insert Fluid Subdomain**。選擇外殼入口的內側表面，如圖 5-9 所示。

請確認勾選了 **Air (Gases)** 核選框。

在 **Thermodynamic Parameters** 選項視窗中的 Temperature 中輸入 450k。

點選 **OK**。

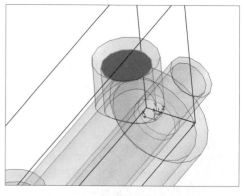

◉ 圖 5-9　選擇內側表面

STEP **6**　定義水子流域

採用相同的步驟，為 **Water** 定義子流域。如圖 5-10 所示，選擇水的入口。不用修改溫度和壓力，保持這些訊息為預設值。

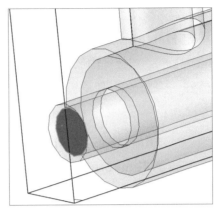

◉ 圖 5-10　選擇水的入口

STEP **7**　指定水的入口邊界條件

對管道入口的內側表面，在 **Flow Parameters** 中指定 **Fully developed**，**Inlet Mass Flow** 為 0.05kg/s 的流動（請記住，此處只利用了一半的對稱體，因此總的質量流率為 0.1kg/s），如圖 5-11 所示。

將其重新命名為 "Water Inlet Mass Flow"。

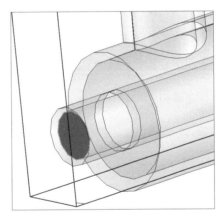

◉ 圖 5-11　指定水的入口邊界條件

STEP **8** 指定空氣的入口邊界條件

對外殼入口的內側表面,**Flow Parameters** 指定 **Fully developed**,**Inlet Mass Flow** 為 0.075kg/s(同樣,由於此處只利用了一半的對稱體,因此總的質量流率為 0.15kg/s),如圖 5-12 所示。

在 **Thermodynamic Parameters** 下方,確認 **Temperature** 欄中的值為 450K。點選 **OK**。將這個條件重新命名為 "Air Inlet Mass Flow"。

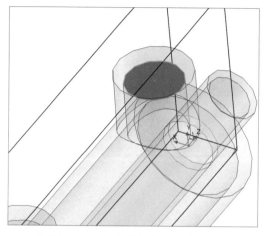

⊙ 圖 5-12 指定空氣的入口邊界條件

STEP **9** 指定空氣和水的出口條件

對兩種情況指定一個 **Environment Pressure** 的邊界條件,對 **Pressure** 和 **Temperature** 分別指定預設的 101325Pa 和 293.2K,如圖 5-13 所示。

重新命名這兩個條件為 "Air Outlet" 和 "Water Outlet"。

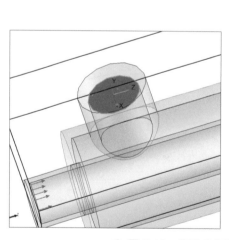 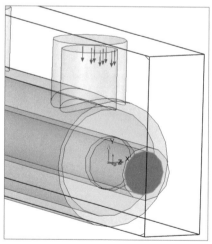

⊙ 圖 5-13 指定空氣和水的出口邊界條件

STEP **10** 定義空氣的出口表面目標

使用 "Air Outlet" 邊界條件，定義一個 **Temperature (Fluid)**（平均值）的表面目標。

STEP **11** 定義水的出口表面目標

使用 "Water Outlet" 邊界條件，定義一個 Temperature (Fluid)（平均值、最小值、最大值）的表面目標。

此外，定義一個 **Mass Flow rate** 的表面目標也是一個好的設定方式。

STEP **12** 執行這個 SOLIDWORKS Flow Simulation 專案

STEP **13** 產生溫度截面繪圖

在 Right 基準面，產生溫度的 **Contours** 截面繪圖，如圖 5-14 所示。

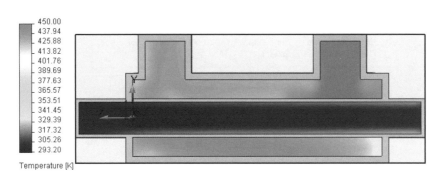

◉ 圖 5-14 產生溫度截面繪圖

STEP **14** 查看表面參數

在水的出口面評估表面參數。

STEP **15** 產生目標圖

使用流體表面目標的平均出口水溫來產生目標圖，如圖 5-15 所示。

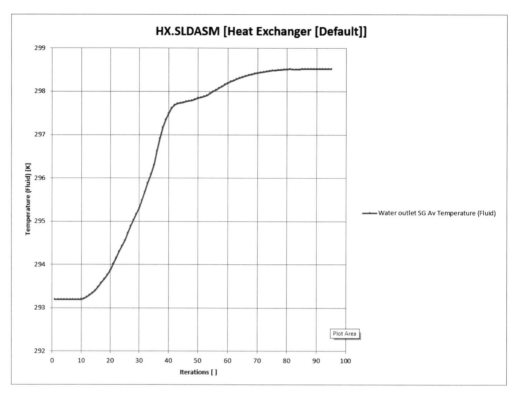

◉ 圖 5-15　產生目標圖

EFD Zooming

06

順利完成本章課程後，您將學會：

- 使用 **EFD Zooming** 求解複雜模型

- 正確施加轉移的邊界條件

6.1 案例分析：電子機箱

在"第 3 章"中，對一個電子機箱進行了一次分析。由於對模型進行簡化，才讓運算有可能進行，然而也看到其運算的時間仍然是相當長的。此外，還注意到散熱器的最高溫度可能並不理想，建議對散熱器需要進行重新模型組態的區域進行設定變更，而且還可以透過加厚散熱片來重新設計散熱器。

在本章中，將嘗試重新模型組態散熱器的位置，來調查其影響。此處不會對整個模型運算兩次，而是採用名為 EFD Zooming 的技術，更快地運算這個模擬。

6.2 專案描述

本章的目標是將散熱器的溫度降到最低。為了做到這一點，將研究兩個不同的散熱器位置，如圖 6-1 所示。

在前面的章節中，計算得到的散熱器最高溫度非常接近許可的最高溫度。根據這個原因，需要在散熱器區域劃分更加細密的網格，以正確求解溫度的大小。可以採用局部網格輕鬆地實現這一要求，當然也可以犧牲寶貴的計算時間。此外，為了評估這兩種設計，模型將被求解兩次，從而進一步增加了計算時間。

在本章中，將使用一個全新的方法— EFD Zooming。

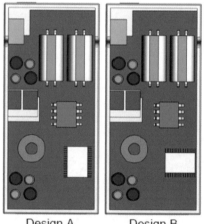

Design A　　　　Design B

⊙ 圖 6-1　散熱器

6.3 EFD Zooming 概述

EFD Zooming 技術允許使用者只關注感興趣的局部區域，同時還考慮到這個區域周圍的流場。可以先採用粗略的網格快速對整體模型運算一次，以求解計算域的流場。使用上面這個整體模型的結果，可以對"放大的"模型施加轉移的邊界條件，而該模型就是關注的感興趣的區域。"放大的"模型可以劃分更細密的網格，以便在更有價值的區域求解流場和溫度分布。

使用 EFD Zooming 技術求解這個模型，首先用一個通用的虛擬實體來替換這個散熱器，然後對這個整體模型只求解其流場和溫度分布，接著將散熱器置換回模型中，之後再建立一個關注的模型區域，並且將計算域設定為只關注散熱器。整個模型的邊界條件將轉移到關注的模型區域，現在可以對設計進行變更，而只需重新求解關注的模型區域。

該專案的關鍵步驟如下：

(1) **插入虛擬散熱器**：散熱器將從模型中移除，並用一個簡單的長方體進行替代。這使得對模型的網格劃分更加簡單，從而提高求解的速度。此外，流場的結果並不會因此而變差，因為散熱器的總體形狀透過虛擬實體仍然保持完好。

(2) **求解整個模型**：採用虛擬的實體求解整個模型。

(3) **求解關注的模型區域**：在整體模型中計算的邊界條件將被用於求解關注的模型區域。

(4) **設計變更**：散熱器將會被重新定位，關注的模型區域也將被再次求解。注意，使用者無須對整個模型進行重新求解，因為邊界條件並沒有發生改變。

操作步驟

STEP 1　開啟組合件檔案

從 Lesson06\Case Study 資料夾中開啟檔案 "PDES_E_Box_1"。當開啟模型時，可能會得到以下警告訊息：

"Project has some substances which are missing in the Engineering database. To work with project you need to add all missing substances."（專案所具有的某些物質在工程資料庫中丟失。要新增資料，則點選 "新增"。）

點選 **Add All**。

確認啟動的專案為 Overall（對應模型組態為 Dummy heat sink）。

STEP 2　查看專案

事先已經建立好了對應這個模型組態的流體模擬專案，查看這個專案，發現所有內容都和 "第 3 章" 中的一樣。唯一的區別就是散熱器被一個簡單的長方體替代了，如圖 6-2 所示。

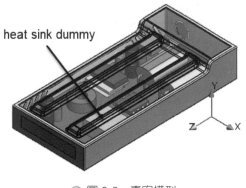

heat sink dummy

⊙ 圖 6-2　專案模型

STEP 3　指定熱源 (1)

對虛擬的散熱器指定一個 3W 的熱源，這和真實的熱源產生的 3W 是相匹配的。

STEP 4　求解模擬專案

這個專案已經求解完畢，而且結果也包含在專案中，施加並查看結果。

⬢ 討論

透過一個虛擬長方體替換複雜的散熱器，極大地簡化了網格和計算，而且不降低整體結果的精度。在這個整體模型中，只關注整體計算域的流動和熱力情形。透過簡化外形的長方體取代散熱器，幾乎不會對整個模型的流動和熱力結果產生影響。

STEP 5　產生一個專案

啟動模型組態 CFD-1 Fan-a。

使用 **Wizard**，採用表 6-1 的屬性新建一個專案。

表 6-1　專案設定

Configuration name	使用當前值："CFD-1 Fan-a"
Project name	"Zooming a"
Unit system	SI(m-kg-s) 將點選 **Temperature** 的單位更改為℃
Analysis Type Physical Features	Internal 勾選 **Conduction** 核選框
Database of Fluid	在 **Fluids** 列表中，在 **Gases** 下點兩下 **Air**，將其新增到 **Project Fluids**
Solids	在 **Glasses and Minerals** 列表中，**Default solid** 設為 **Insulator**
Wall conditions	預設 **Roughness** 設定為 **0 micrometer**
Initial conditions	預設值，點選 **Finish**

STEP 6　設定整體網格

設定 **Level of Initial Mesh** 為 3，設定 **Minimum Gap Size** 為 1.778mm，點選 **OK**。

STEP 7 設定計算域

按滑鼠右鍵點選 Input Data 下的 Computational Domain，選擇點選 **Edit Definition**。

按照表 6-2 的數值設定計算域的大小，點選 **OK**。

表 6-2 設定計算域

Size	meters
X_{max}	-0.03175
X_{min}	-0.08
Y_{max}	0.0298
Y_{min}	-0.0065
Z_{max}	0.1416
Z_{min}	0.065

EFD Zooming- 計算域。對 Zooming 的專案指定一個合適的計算域是相當重要的，必須遵循下面的準則：

- 在放大區域邊界中，流體和實體參數要盡可能均勻。
- 放大區域邊界不要太靠近目標。
- 在邊界上轉移的邊界條件必須與問題描述保持一致。

在這個模型中，關注的對象只有散熱器，因此對計算域也做了相應調整，機箱的頂面、底面、背面和右面的薄壁都已經納入到計算域中。假設機箱是絕熱的而且不會影響到主晶片的溫度，因為主晶片在一分為二的氣流作用下也是絕熱的。沒有包含在機箱內的薄壁使用轉移的邊界條件。

STEP 8 指定材料

按滑鼠右鍵點選 Input Data 下的 Solid Material，選擇 **Insert Solid Material**，對 heat sink 指定材料鋁。

重複這個步驟，對名為 SPS_PC_Board 的綠色 PCB 版指定材料 PCB-4 層。

在 **Anisotropy** 選項視窗中的 Global Coordinate System 中選擇 Y 軸，已指定正確的材料方向。

> **提示** **Conduction** 選項是勾選的,因此必須定義材料屬性,而且,為了保證邊界條件能夠正確轉移,這些材料的屬性應該跟整體模型中指定的相同。

指令TIPS **Transferred Boundary Conditions**

Transferred Boundary Conditions 可以讓使用者只關注模型中指定區域的模擬。模擬將借用之前計算得到的結果作為當前模擬的邊界條件。**Transferred Boundary Conditions** 包含三個施加步驟:

(1) **選擇邊界**:使用者選擇當前專案的邊界,用於轉移之前專案的計算結果(例如:X_{max}、X_{min} 等)。

(2) **選擇轉移的結果**:使用者選擇指定的專案結果轉移到當前模擬的專案。

(3) **指定條件類型**:使用者選擇將被轉移的流場參數。

操作方法

在 Flow Simulation 分析樹中,按滑鼠右鍵點選專案選擇點選 **Customize Tree**,然後選擇 **Transferred Boundary Conditions**。這將會在 Flow Simulation 分析樹中建立一個 Transferred Boundary Conditions。

- 從 **Tools → Flow Simulation** 功能表中,選擇 **Insert → Transferred Boundary Conditions**。

- 在 Flow Simulation 分析樹中,按滑鼠右鍵點選 **Transferred Boundary Conditions** 並選擇 **Insert Transferred Boundary Condition**。

- 在 Command Manager 中,點選 **Flow Simulation Features**,然後選擇 **Transferred Boundary Conditions**。

STEP 9 **轉移邊界條件**

從 **Flow Simulation** 功能表中,選擇 **Insert → Transferred Boundary Conditions**。

從 **Computational domain boundaries** 列表中選擇點選 X_{min},點選 **Add**。重複這一步驟,新增 Z_{min}。

點選 **Next**。選擇 **Flow Simulation project** 並點選 **Browse**。從列表中選擇專案 overall 並點選 **OK**。點選 **Next**。

在 **Boundary condition type** 中選擇 **Ambient**。點選 **Finish**。

> **提示**　由於整體模型和關注的模型區域都會用到實體中的熱傳導，因此實體的溫度將從整體模型中取得，然後轉移到關注的模型區域，作為 **Transferred Boundary Conditions** 的一部份。而且，因為選用的類型為 **Ambient**，和外部流場分析中的環境條件一樣，整體模型邊界上的條件將以同樣的方式轉移到關注的模型區域。

STEP 10 指定熱源 (2)

在 Flow Simulation 分析樹中，按滑鼠右鍵點選 **Heat Source**，選擇 **Insert Volume Source**。

選擇零件 heat sink，在 **Heat Generation Rate** 中輸入 3W。點選 **OK**。

STEP 11 定義工程目標（**Volume Goal**）

在 Flow Simulation 分析樹中，按滑鼠右鍵點選 Goals，選擇 **Insert Volume Goal**。

在 **Volume Goal** 視窗中，找到 **Parameter** 列表中的 **Temperature (Solid)**。

勾選 **Max** 核選框。

在 SOLIDWORKS FeatureManager 設計樹中，選擇 heat sink。

點選 **OK**。

技巧

先不急於執行這個專案，而是透過變更設計來新建一個專案，然後使用 Batch Run 來同時執行這兩個專案。

STEP 12 複製專案

按滑鼠右鍵點選 Flow Simulation 分析樹中的 Project name，選擇點選 **Clone Project**。

在 **Project name** 中輸入 Zooming b。

在 **Configuration** 選項視窗中選擇點選 **Selection**，並勾選 **CFD-1 Fan-b** 核選框。

保留 **Copy results** 核選框為未選中的狀態,如圖 6-3 所示。

點選 **OK**。

使用者可能會看到兩條關於幾何結構和計算域的警告訊息。點選 No 跳過這些訊息。為了比較兩個模型,將對兩個模擬採用相同的計算域和網格設定。

這將產生一個新的專案 Zooming b,對應模型組態 CDF-1 Fan-b。所有先前專案的設定都將複製到新專案中。

◉ 圖 6-3　複製專案

指令TIPS　**Batch Run**(批次處理執行) 🔍

使用者可以使用 **Batch Run** 來求解一系列的專案,並可以指定計算是按照一定的順序進行還是同時進行。

操作方法

- 從 **Flow Simulation** 功能表中,選擇 **Solving → Batch Run**。

STEP **13** 批次處理執行

從 **Flow Simulation** 功能表中,選擇 **Solving → Batch Run**。

勾選 CFD-1 Fan-a 和 CFD-1 Fan-b 兩個專案的 **Solving** 核選框,如圖 6-4 所示。

點選 **Run**。

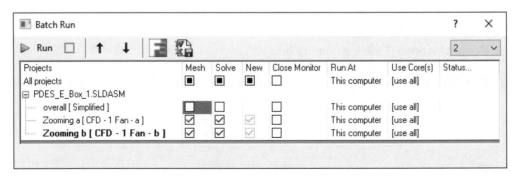

◉ 圖 6-4　批次處理執行

> **提示**　使用者還可以調整求解的順序，或同時進行求解，其前提是擁有可用的處理器。如果選擇同時求解三個專案，則必須首先求解 overall 模型，因為其他兩個專案需要使用其結果作為 **Transferred Boundary Conditions**。如果電腦擁有更多處理器和足夠電腦記憶體，最快的方法是將一半數量的 CPU 分配給每個專案，對兩個專案同步求解。

STEP 14 產生截面繪圖

啟動專案 Zooming a（模型組態 CFD-1 Fan-a），載入結果。

在 Flow Simulation 分析樹中，按滑鼠右鍵點選 Results 下的 cut plot，選擇 **Insert**。

選擇 Top 視圖基準面，指定點選 **Offset** 的數值為 5mm。

在 **Contours** 選項視窗中，選擇點選 **Contours**。

選擇 **Temperature** 並將 **Number of Levels** 增至 100。

點選 **OK**，關閉 **Cut Plot** 視窗，如圖 6-5 所示。

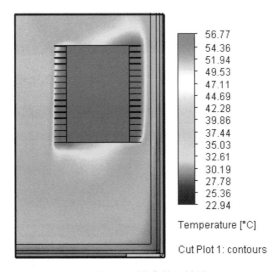

◉ 圖 6-5　溫度截面繪圖

STEP 15 產生目標圖

對 STEP 11 中定義的 Volume Goal 產生最高溫度的目標圖。

指令TIPS | **Compare**（比較模型組態模式） 🔍

為了提高使用者比較各種設計並做出最有效的設計變更決定的能力，SOLIDWORKS Flow Simulation 允許使用者方便地比較各種專案的結果。使用者可以比較當前的結果（結果繪圖），目標或點、面、體參數。比較的結果可以透過圖像和數字的格式呈現。

操作方法

• 在 Flow Simulation 分析樹中，按滑鼠右鍵點選 **Results** 並選擇 **Compare**。

• 在 Flow Simulation Command Manger 中，點選 **Flow Simulation Results → Compare** 🔳 。

• 從 **Tools → Flow Simulation** 功能表中，選擇 **Results → Compare**。

提示 ⟩ 選擇當前的結果、目標或任何定義的參數，然後選擇任意數量的求解專案並點選 **Compare**。

STEP⟩ 16 比較結果

保留 STEP 14 中顯示的截面繪圖。

在 SOLIDWORKS Flow Simulation 分析樹中，按滑鼠右鍵點選 Results 並選擇 **Compare**。

在 **Compare** 窗口的 **Definition** 頁面，勾選 **Data to Compare** 中的 **Active Scene** 和 **Goal Plot 1**。

在 **Projects to Compare** 中，選擇專案 CFD-1 Fan-a 和 CDF-1-Fan-b 如圖 6-6 所示。

點選 **Compare**。

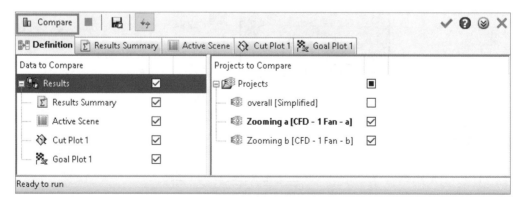

◉ 圖 6-6　比較結果

STEP> **17** 當前的結果比較

切換到 **Active Scene** 頁面，透過比較，可以看出兩個散熱器模型組態的差別是很小的，如圖 6-7 所示。

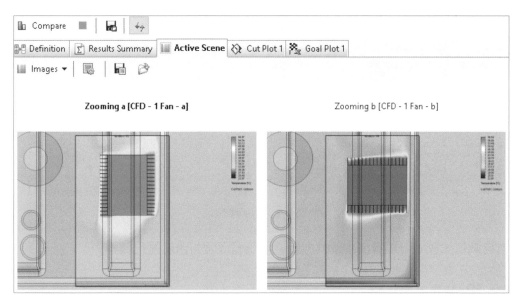

◉ 圖 6-7　比較當前的結果

> 提示
> 如果想要放大兩張圖的任意一張，只需要在其上面點兩下。同時，在比較窗口中不需要在其他專案中定義。Flow Simulation 將自動地為所選的專案建立當前的結果。

STEP> **18** 截面圖比較

切換到 **Goal Plot 1** 頁面，如圖 6-8 所示。

在 **Mode** 底下，選擇 **Difference**。右側圖顯示 Zooming b 的 Cut Plot 1 跟 Zooming a 的 Cut Plot1 差異。

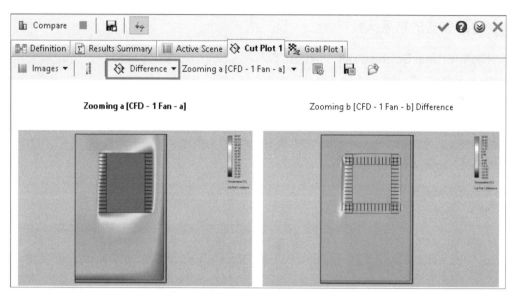
◉ 圖 6-8　截面圖比較

透過數值比較,可以看出兩個模型組態散熱器周圍的溫度變化很小。

STEP 19 結果摘要比較

點選 **Result Summary**,如圖 6-9 所示。

Parameter	Zooming a [CFD - 1 Fan - a]	Zooming b [CFD - 1 Fan - b]
Iteration [ ]	83	84
CPU time [s]	287	147
Total cells [ ]	80522	84747
Fluid cells [ ]	50493	52309
Solid cells [ ]	30029	32438

◉ 圖 6-9　結果摘要比較

可以看出 Zooming b 求解所需的時間少於 Zooming a。

向下滾動 Results Summary 頁面。顯示兩個研究的固體最高溫度幾乎相同。

STEP 20 目標比較

點選 **Goal Plot 1**。數值顯示兩種配置的結果的最高溫度相近,如圖 6-10。

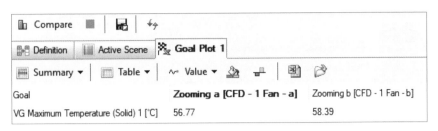

◉ 圖 6-10　目標數值比較

點選 **History**，顯示所選的兩個專案的目標圖像比較。注意到圖像顯示的溫度最大值接近相同，如圖 6-11 所示。

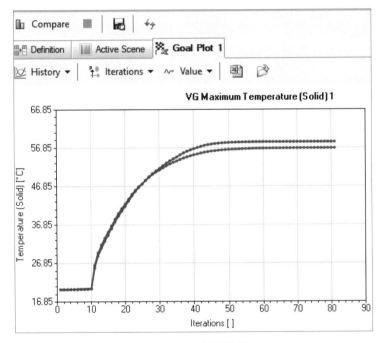

圖 6-11　目標圖比較

提示　使用者還可以透過附加的選項更改橫座標、顯示的數值，並將數據輸出到 Excel 中。

點選 **OK** 以關閉比較模型組態窗口。

STEP **21** 儲存並關閉組合件

6.4 總結

結果顯示，兩個模型組態之間的差別微乎其微。在問題設定之初，其差別本來就不明顯。

使用 EFD Zooming 技術簡化了整體模型，使得運算更快。代替散熱器的長方體對於求解模型的整體流場而言，是一個非常好的方法。接著散熱器被置換回關注的模型區域中，而且邊界條件也轉移到關注區域的計算域邊界。另外還明確了對關注的模型區域定義計算域的嚴格準則，使用者必須盡可能地遵守。

EFD Zooming 技術允許快速分析兩個設計，並對實體周圍的溫度分布做出更好的評估。另外還使用了 **Batch Run** 同時運算多個專案。

使用比較模型組態模式，可以方便地後處理兩個專案的結果。這個模式允許同時顯示結果繪圖、目標和參數，更容易地對設計做出必要的判斷。

07

多孔性材質

 順利完成本章課程後，您將學會：

- 使用多孔性材質選項產生一個流體分析

- 建立相關目標

- 使用 Component Control 元件控制指令

- 評估模型速度場分布結果

7.1　案例分析：催化轉換器

在本章中將使用 Flow Simulation 的多孔性材質功能，分析透過催化轉換器的流動，在流場中利用虛擬實體來加在工程目標，還會對比兩種不同的多孔設計，並透過穿越模型截面的流場分佈來評估它們的性能。

7.2　專案描述

從引擎釋放出來的氣體在燃燒過程中通常含有劇毒，因此在排向大氣之前需要進行處理。催化轉換器就是用來降低排放氣體毒性的一種設備。

氣體進入排氣管（圖 7-1）的流動速度為 12m/s，溫度為 600℃。氣體流過排氣管並進入包含催化體的催化轉換器。催化體塗有一層催化劑，它會與有毒氣體之間發生化學反應，從而轉換氣體的特性。這個含有龐大表面積的大型催化體可以與氣體盡可能地發生化學反應，然而這也會限制排放氣體的流動。此外，均勻發展地流動進入催化體將最有效地利用轉換器，因為整個催化體都會起相同的作用。

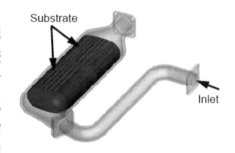

◉ 圖 7-1　排氣管

之所以使用 Flow Simulation 的多孔性材質功能來模擬催化體，是因為催化體的幾何造型非常複雜。本章將使用兩個不同種類的多孔性材質，並評估哪一種最適合在這應用。

該專案的關鍵步驟如下：

(1)　**新建專案**：使用 **Wizard** 建立一個內部流場分析。

(2)　**施加邊界條件**：定義流體從外殼流進和流出條件。

(3)　**定義多孔性材質**：定義多孔性材質的屬性，同時停用被定義為多孔性材質的實體。

(4)　**設定計算目標**：定義的計算目標將用於評估最終結果。

(5)　**運算分析**。

(6)　**後處理結果**：使用各種 SOLIDWORKS Flow Simulation 的選項對結果進行後處理。

操作步驟

STEP 1 開啟組合件檔案

從 Lesson07\Case Study 資料夾中開啟檔案 "Catalyat"。

STEP 2 新建專案

使用 **Wizard**，按照表 7-1 的設定新建一個專案。

表 7-1　專案設定

Configuration name	使用當前值："Default"
Project name	"Isotropic"
Unit system	SI(m-kg-s) 修改溫度單位 **Temperature** to ℃.
Analysis Type Physical Features	internal 勾選 **Conduction** 核選框
Database of Fluid	在 **Gas** 列表中點兩下 **Air**
Solids	在 **Alloys** 列表中選擇 **Steel Stainless 321**
Wall conditions	在 **Default wall thermal condition** 列表中選擇 **Heat transfer coefficient** 在 **Heat transfer coefficient** 輸入 20 W/m^2/K，**Temperature of external fluid** 輸入 20 ℃ 設定 **Roughness** 為 0 micrometer
Initial conditions	預設值，點選 **Finish**

STEP 3 設定初始整體網格

設定 **Level of Initial Mesh** 為 4。

7.2.1　相關目標

使用 Boundary Condition 對話框，可以將目標與邊界條件的參考面或主體相連結。更新邊界條件的參照可同步相關目標，刪除邊界條件也會同步刪除相關目標。

STEP 4 插入邊界條件和相關目標

在 Flow Simulation 分析樹中，按滑鼠右鍵點選 Input Data 下的 Boundary Condition，選擇 **Insert Boundary Condition**。在入口 Lid 的內側表面施加 12m/s 的 **Inlet Velocity**，如圖 7-2 所示。

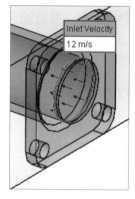

◉ 圖 7-2　設定邊界條件 (1)

展開 **Goals** 頁籤，在 **Parameter** 中勾選 **Total Pressure Av**（**Use for Conv** 在預設情況下也會勾選）。

勾選核選框可建立相關目標，點選 **OK** 並儲存入口邊界條件。表面目標 **SG Av Total Pressure** 將被自動建立。此目標直接連結到邊界條件 Inlet Velocity1。重新命名相關目標為 Inlet Total Pressure。

> **提示**　點選 **Set as Default** 將啟動任何新定義入口速度邊界條件與平均總壓表面目標之間的連結。每當定義新的入口邊界條件，也會自動建立平均總壓表面目標。刪除該項邊界條件也將會自動刪除相關目標，如圖 7-3 所示。

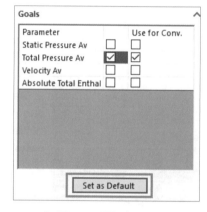

◉ 圖 7-3　預設相關目標

STEP 5 插入邊界條件 (2)

定義 **Pressure Openings**、**Static Pressure** 在轉換器實體另一端，選擇管道的內側表面，點選 **OK** 接受預設的環境參數，如圖 7-4 所示。

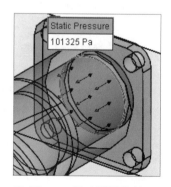

◉ 圖 7-4　設定邊界條件 (2)

7.3 多孔性材質概述

SOLIDWORKS Flow Simulation 可以將某些實體視為對流體流動具有一定阻礙的多孔性材質。Flow Simulation 的 **Engineering Database** 含有多種材料，並含有預先定義的多孔性材料，而且使用者也可以自己輸入自定定義的多孔性材質。

7.3.1 多孔性

多孔性定義為全部的流體體積與整個多孔性材質的體積之間的比率，因此數值 0.5 也就意味著多孔性材質的 50% 都是流體。多孔性可以在多孔性材質的通道中調控流動速度。

7.3.2 滲透類型

多孔材質被定義為各向同性的，也就是說介質在各個方面的多孔性都是一樣的。**Permeability Type** 的其他選項還有：**Unidirectional**、**Axisymmetrical** 和 **Orthotropic**。與定義彈性和熱力屬性類似，可以在 **Permeability Type** 屬性下定義給定方向的阻力。

7.3.3 阻力

阻力定義了流動如何在多孔性材質中受到阻礙。這可以定義為相對於壓差、流量或模型尺寸的輸入結果繪圖，而且還可以相對於速度進行定義。由於阻力是多孔實體的一個屬性，因此需要提前定義好這個參數。

7.3.4 介質和流體熱交換

如果對多孔介質中的傳熱感興趣，則其熱性能必須在工程資料庫中指定。流體和多孔介質之間的傳熱透過 **Volumetric heat exchange coefficient** (W/m^3/K)，或是 **Heat exchange coefficient** (W/m^2/K) 以及相應的 **Specific area** (1/m)。

7.3.5 特定區域

特定區域（Specific area）表示每單位多孔介質體積中多孔介質孔隙表面積（1/m）。在催化轉換器中，目標是找尋最高可能性的特定區域，以最大化單位體積化學反應的效率。

STEP ▶ **6** 定義多孔性材質 (1)

首先，必須在 **Engineering Database** 中定義多孔性材質的屬性。

在 **Flow Simulation** 功能表中，選擇 **Tools → Engineering Database**。

展開 Porous Media 資料夾，按滑鼠右鍵點選使用者定義並選擇 **New Item**。

點選 **Item Properties** 頁籤，在 **Name** 欄，輸入 **Isotropic**。在 **Porosity** 欄中輸入 0.5。

對 **Permeability Type** 屬性，確認選擇了 **Isotropic**。

在 **Resistance calculation formula** 屬性中，點選數值區域選擇 **Dependency on velocity**。

> 提示　在本案例中，介質的流動阻力（或滲透性）會隨著流動的速度而變化。定義這個參數的方程式為：$k=(A \times V+B)/r$（指定的速度相關）。式中，V 為流體速度；r 為流體密度；A 和 B 為常數。使用者只需指定 A[kg/m^4] 和 B[kg/(s$\times$m^3)]（V 和 r 需要計算求得）。一般情況下，可以從多孔性材質的製造商取得這些數值。

在 A 欄中，輸入數值 57kg/m^4。

在 B 欄中，輸入數值 0，如圖 7-5 所示。

點選 **Heat conductivity of porous matrix**。

在 **Density of porous matrix** 欄中，輸入 2600kg/m^{30}。

在 **Specific heat capacity of porous matrix** 欄中，輸入數值 1465 J/(kg*K)。

在 **Conductivity type**，保持 **Isotropic**。

在 **Thermal conductivity** 欄中，輸入 4 W/(m*K)。

在 **Melting temperature** 欄中，輸入 2500 K。

在 **Matrix and fluid heat exchanged defined by** 中，選擇 **Heat exchange coefficient, specific area**。

在 **Heat exchange coefficient** 欄中，輸入 450 W/^2/K。

在 **Specific area** 欄中，輸入 3600 1/m。

點選 **File → Saving**。

點選 **File** → **Exit**。

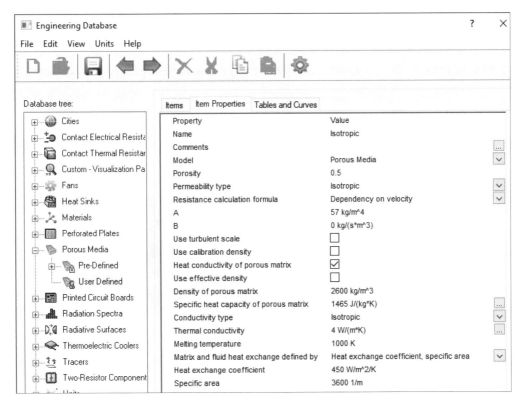

◉ 圖 7-5　定義介質參數

STEP 7　自定義 **SOLIDWORKS Flow Simulation** 分析樹

在 Flow Simulation 分析樹中，按滑鼠右鍵點選專案 Isotropic 並選擇 **Customize Tree**。

點選 **Porous Media**，加入 Flow Simulation 分析樹中。任意點選圖形區域以完成自定義 Flow Simulation 分析樹。

STEP 8　設定多孔條件 (1)

在 Flow Simulation 分析樹中，按滑鼠右鍵點選多孔性材質，選擇 **Insert Porous Medium**。在 **Selection** 選項視窗中選擇兩個 Monolith 零件。

在 **Porous Media** 選項視窗中，展開 **User Defined** 資料夾並選擇前面步驟建立完成的多孔性材質 Isotropic。

點選 **OK**，關閉 **Porous Media** 視窗。

將多孔性材質重新命名為 Isotropic。

7.3.6 虛擬實體

多數時候，在沒有 SOLIDWORKS 實體可供選擇的情況下，使用者可能想對模型中的特定區域設定目標。但如果沒有實體，在建立目標時就沒有參考可選。因此在這種情況下，使用者可以使用虛擬的 SOLIDWORKS 實體來替代這些區域。如果使用了這個技巧，記得使用 **Component Control** 來停用流動中的這個實體，否則該實體會影響流場的計算。

在本模型中，使用者可能對流入催化轉換器的流場感興趣。如果採用這種方法，就可以計算轉換器入口的壓差，而且還可以透過轉換器自身的壓差虛擬實體建立在轉換器的入口，以定義這個位置的目標，如圖 7-6 所示。

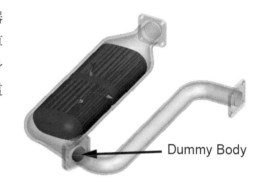

◉ 圖 7-6　虛擬實體

STEP 9　定義工程目標 (1)

在 SOLIDWORKS Flow Simulation 分析樹中，按滑鼠右鍵點選 Goals 並選擇 **Insert Surface Goal**。

找到 **Parameter** 列表中的 **Total Pressure** 選項。

在 **Total Pressure** 項目中，選擇 **Av.**。

選擇定義入口和出口的兩個面。同時，選擇圖中虛擬實體的表面，如圖 7-7 所示。

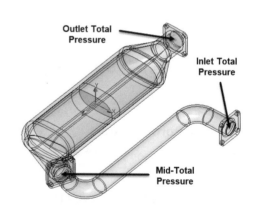

◉ 圖 7-7　定義工程目標

提示　也可以在單一定義中選擇這兩個面，在 **Selection** 下勾選 **Create goal for each surface** 選項。

按照圖示重新命名這些目標。

STEP 10 停用虛擬實體

在 SOLIDWORLS Flow Simulation 分析樹中，按滑鼠右鍵點選 Input Data 並選擇 **Component Control**。

在 **Component Control** 視窗中停用零件 Dummy Body，如圖 7-8 所示。

點選 **OK**。

SOLIDWORKS Flow Simulation 將停用的零件視為流體區域，而且該區域充滿的是預設的 Initial conditions 中定義的流體。

◉ 圖 7-8　停用虛擬實體

> 提示　兩個 Monolith 零件也應當被停用，當它們被定義為多孔性材質時，這都是預設設定的。

STEP 11 定義工程目標 (2)

在 SOLIDWORKS Flow Simulation 分析樹中，按滑鼠右鍵點選 Goals 並選擇 **Insert Equation Goal**。選擇目標 Inlet Total Pressure，然後點選 "-"，之後再選擇目標 Mid-Total Pressure。

點選 **OK**。將該目標重新命名為 Pipe Drop。

STEP 12 定義工程目標 (3)

重複這一步驟，對透過催化轉換器的壓差定義一個目標，將該目標重新命名為 Convent-er Drop。

STEP 13 執行這個專案 (1)

請確認勾選了 **Load results** 核選框，點選 **Run**。

STEP 14 產生截面繪圖 (1)

在 SOLIDWORKS Flow Simulation 分析樹中，按滑鼠右鍵點選 **Results** 下的 cut plot，選擇 **Insert**。

在選項視窗中選擇 Plane2。

在 **Display** 選項視窗中點選 **Contours**。

選擇 **Velocity**，並將 **Number of Levels** 提高到 100。

點選 **OK**，如圖 7-9 所示。

查看結果後，請隱藏這個截面繪圖。

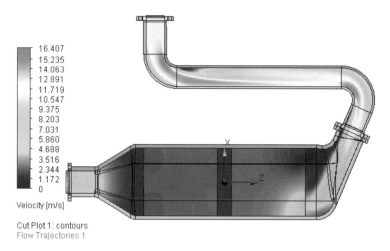

● 圖 7-9　速度截面繪圖 (1)

STEP 15 產生流線軌跡 (1)

在 Flow Simulation 分析樹中，按滑鼠右鍵點選 **Results** 下的 **Flow Trajectories** 並選擇 **Insert**。點選 Flow Simulation 分析樹頁籤，在邊界條件下方點選 Inlet Velocity 1 項目做為參考。

在 **Appearance** 下點選 **Static Trajectories** 並選擇 **Lines with Arrows**。

將 **Number of Points** 增加到 60，然後點選 **OK**，如圖 7-10 所示。

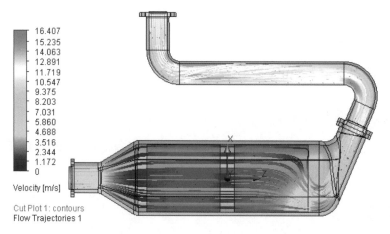

● 圖 7-10　流線軌跡 (1)

● **討論**

從這兩張結果繪圖中可以很容易地觀察到，流體流入催化體並流出。在流動軌跡結果繪圖中甚至能夠看到部分的回流。當流入催化體時，因為流場被催化體的多孔性材質阻礙而停滯下來。當流體流動到出口時，流場看上去已經穩定了。可以使用 **XY Plots** 來驗證這一點。

STEP **16** 產生 XY 圖 (1)

在 SOLIDWORKS Flow Simulation 分析樹中，按滑鼠右鍵點選 XY Plots 並選擇 **Insert**。

在 SOLIDWORKS FeatureManager 設計樹中，選擇 Sketch1 和 Sketch2，如圖 7-11 所示。

在 **Parameter** 選項視窗中，勾選 **Velocity (Z)** 核選框。

◎ 圖 7-11　選擇 XY Plots 草圖

點選 **Show**，如圖 7-12 所示。

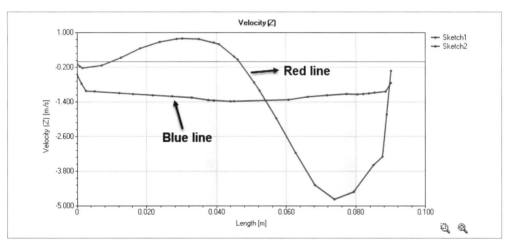

◎ 圖 7-12　XY 圖 (1)

● **討論**

如圖 7-12 所示，結果繪圖中的紅線表示在催化體入口處 X 方向的 Z 向速度分布。藍線則表示的是出口處的情況。和預測的一樣，當流體流動到出口時，流場已經充分流動了。

觀察入口區域也可以確認多數流體都流過了催化體的遠側。在近側端的第一段催化體的外圍雖然存在回流，還是有這麼多的流體流過遠端一側。可以很容易觀察到到這個現象，因為那一側的速度是負的而不是正的。因整體座標系統，負速度是流出，正速度是回流。

STEP 17 溫度截面圖

複製 STEP 14 的圖。將新的圖量值改為 **Temperature (Fluid)**。將溫度繪圖上下限設置為最大值和最小值，點選 **OK**，如圖 7-13 所示。

當廢氣流入於環境中時，廢氣的溫度會顯著下降。

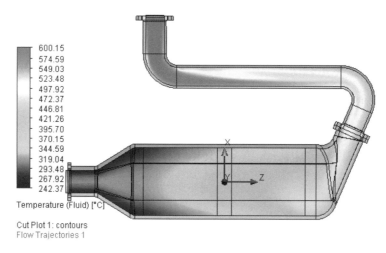

圖 7-13　溫度截面圖

STEP 18 溫度表面圖

在所有內表面定義 **Temperature (Fluid)**，將 **Number of Points** 增加至 100，如圖 7-14 所示。

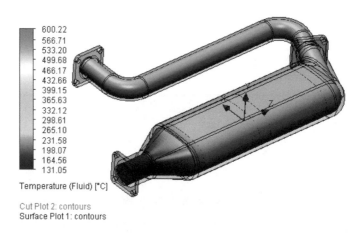

圖 7-14　內表面溫度圖

與管道接觸的廢氣出口溫度會較低，溫度下降到大約 131°C。

7.4 設計變更

隨著所有速度向量線都流入催化體，轉換器在這一段磨損得也更快。修正該問題的一個實用措施就是更改入口的幾何形狀。然而在多數時候，轉換器必須匹配一個狹窄的空間，使得幾何更改通常沒辦法進行。對這個範例來說，將試用不同類型的多孔性材質進行設變。

STEP 19 複製專案

按滑鼠右鍵點選 Flow Simulation 分析樹中的 Project name，選擇 **Clone Project**。

在 **Project name** 中輸入 Uni-Iso，在 **Configuration** 中選擇 **Use Current**，點選 **OK**。

將會新建一個專案，對應模型組態 Default。所有先前專案的設定都將被複製進來。

STEP 20 定義多孔性材質 (2)

從 **Flow Simulation** 功能表中，選擇 **Tools → Engineering Database**。

展開多孔性材質資料表，按滑鼠右鍵點選使用者定義並選擇 **New Item**。

點選 **Item Properties** 頁籤，輸入 Unidirectional 作為 **Name**。

在 **Porosity** 欄中輸入 0.5。

對 **Permeability Type**，確認選擇了 **Unidirectional**。

在 **Resistance calculation formula** 中，選擇 **Dependency on velocity**。

在 A 欄中，輸入數值 57kg/m^4。

在 B 欄中，輸入數值 0。

點選 **Heat conductivity of porous matrix**，如同 STEP 6 定義多孔介質的各向同性熱特性。

點選 **File → Saving**，點選 **File → Exit**。

STEP 21 設定多孔條件 (2)

編輯對多孔性材質 Isotropic 的定義,將最靠近出口處的零件 Monolith 去除。將此指定為前面定義好的 Unidirectional 多孔性材質。

在 Flow Simulation 分析樹中按滑鼠右鍵點選 **Porous Medium**,選擇 **Insert Porous Medium**。

選擇最靠近入口的 Monolith 零件,如圖 7-15 所示。

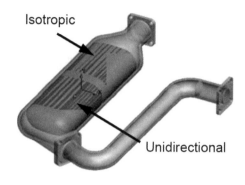

◉ 圖 7-15 設定多孔條件

在 **Porous Media** 選項視窗中,展開使用者定義資料夾並選擇前面定義好的 Unidirectional 多孔性材質。

選擇 Z 作為參考方向。點選 **OK**,關閉 **Porous Media** 視窗。

將多孔性材質重新命名為 Unidirectional。

STEP 22 執行這個專案 (2)

請確認勾選了 **Load results** 核選框,點選 **Run**。

STEP 23 產生截面繪圖 (2)

顯示先前專案中產生的 Cut Plot 1,如圖 7-16 所示。最大速度值與上一個專案的最大速度值相當,其中兩種多孔介質都是各向同性的。然而,多孔介質中流場的分佈卻大不相同,這在流動軌跡圖中尤其明顯。

查看結果後,請隱藏這個截面繪圖。

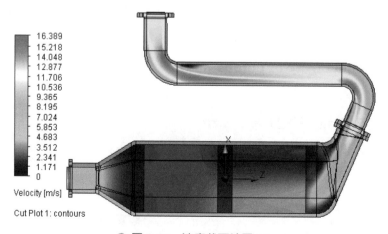

◉ 圖 7-16 速度截面繪圖 (2)

STEP 24 產生流線軌跡 (2)

顯示先前專案中產生的流線軌跡 1，如圖 7-17 所示。

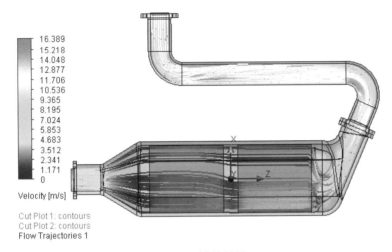

⊙ 圖 7-17　流線軌跡 (2)

可以清楚地看到，第一個單向多孔介質的存在對速度場有顯著影響。

STEP 25 產生 XY 圖 (2)

編輯定義先前專案中產生的 XY 圖 1。點選 **Show**，如圖 7-18 所示。

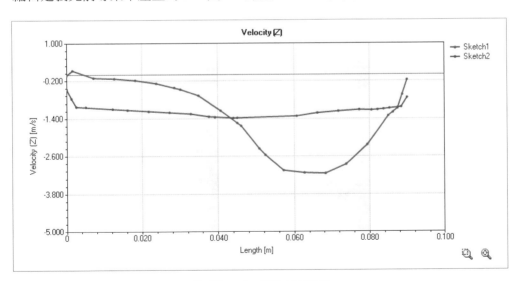

⊙ 圖 7-18　產生 XY 圖 (2)

　　入口處的速度變化比使用第一種多孔介質時更加均勻。第一種多孔介質是被賦予各向同性的多孔特性。

STEP 26 溫度截面圖

Show Cut Plot 2 的 **Temperature (Fluid)**，如圖 7-19 所示。

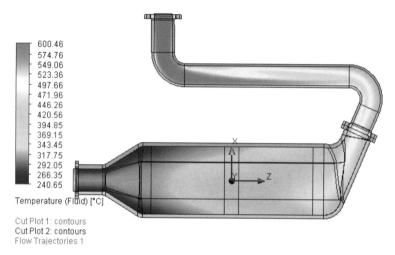

◉ 圖 7-19 溫度截面圖

溫度值和分佈似乎與前一種情況相當，兩個整體都被賦予了各向同性的多孔特性。

STEP 27 溫度表面圖

Show Cut Plot 1 內表面的 **Temperature (Fluid)**，如圖 7-20 所示。

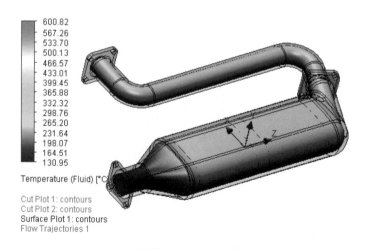

◉ 圖 7-20 內表面溫度圖

對於多孔介質類型的兩種變體，與管道接觸的廢氣的出口溫度也幾乎相同。

7.5 討論

從這些結果繪圖中看到單向多孔性材質對應的流場稍稍均勻一些,這是因為流體一旦流入單向介質後,就只能沿一個方向流動,這有助於讓催化劑更持久一些。

另一個評估轉換器性能的手段是對比流過催化體所需要的時間。耗費時間越長,則催化劑就有更多的機會與流體發生化學反應,從而去除有毒物質。

可以採用相同的比例(圖 7-21)運算兩個專案,並透過顯示 Z 向速度來進行評估。流過單向介質的流動是均勻且低速的,流過各向同性介質的流動則可能顯得步調不一致,而且在第一個介質的末端,甚至會達到更低的速度。

這是因為在各向同性介質中的流動可以朝各個方向進行,而且相比單向介質而言,可以明顯實現降低流速的效果。

我們還觀察到多孔介質的兩種配置都產生了相當的溫度場。

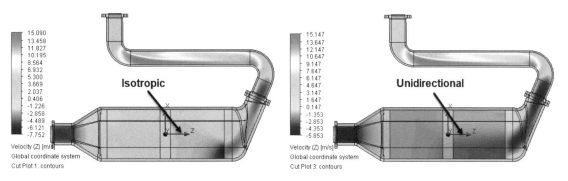

◉ 圖 7-21 結果對比

7.6 總結

對催化轉換器的應用而言,單向和各向同性多孔性材質各有其優點。單向介質會強制速度分布更加均勻,從而使得轉換器的磨損也更均勻。各向同性的介質允許氣體擴散得更加自由,從而導致流動速度更低,這樣轉換器可以讓催化劑有更多的時間接觸氣體,並提高了轉換效率。也許採用更短的單向介質來產生更為均勻的流域是一個最佳的設計。然後再加裝一種更長的各向同性介質,進一步促進氣體的擴散並產生更多的化學反應。

可以看到，不均勻流入方向的流場會發生在轉換器靠近入口的一端，這對轉換器效率是非常不利的。如果有可能進行重新設計的話，其中一種可能的方法就是在流體接觸到第一個多孔性材質時，確保入口流入方向的流場流動是均勻的。

我們還包括了多孔介質的熱特性，以便在我們的模擬中包含熱現象。多孔介質的兩種配置都產生了相似的溫度場。

練習 7-1 Channel Flow 通道流

在這個練習中，將利用多孔性材質的功能，分析透過一個帶有過濾孔的管道流動。在指定入口邊界條件時，將使用一個變化的速度分布。本練習將應用以下技術：

- 多孔性材質。

- 多孔性。

⬢ 專案描述

冷空氣被強制在通道中流過過濾孔。在通道入口的速度分布是入口高度的一個函數，如圖 7-22 所示。

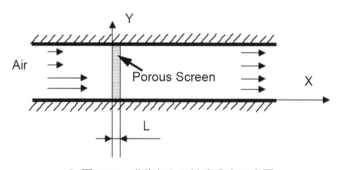

◉ 圖 7-22　非均勻入口速度分布示意圖

通道高度為 0.15m，通道長度為 0.65m，過濾孔的厚度為 0.01m。通道流是對稱的，因此可以使用二維對稱來簡化問題，如圖 7-23 所示。

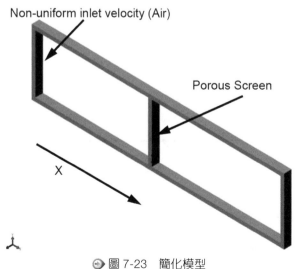

◉ 圖 7-23　簡化模型

操作步驟

STEP 1 開啟組合件檔案

從 Lesson07\Exercises 資料夾中開啟檔案"channel assembly"。

STEP 2 新建專案

使用 **Wizard**，按照表 7-2 的設定新建一個專案。

表 7-2 專案設定

Configuration name	使用當前："Default"
Project name	"Porous"
Unit system	SI(m-kg-s)
Analysis Type Physical Features	Internal 無
Database of Fluid	在 **Gas** 列表中點兩下 **Air**
Wall conditions	在 **Default wall thermal condition** 列表中選擇 **Adiabatic wall** 設定 Roughness 為 0 micrometer
Initial conditions	預設值，點選 **Finish**

可能會彈出以下訊息：

"Fluid volume recognition has failed because the model currently is not watertight. An internal task must has a sealed internal volume. You need to close openings and holes to make the internal volume sealed."（流體體積識別因模型當前並非水密而失敗。內部任務必須具有密封的內部體積。您需要關閉開口和孔洞以使內部體積密封。）

"You can close openings with the Create Lids tool. Do you want to open the Create Lids tool?"（您可以使用"Create Lids"工具關閉開口。是否要開啟"Create Lids"工具？）

點選 **No**。模擬將以二維的方式進行，因此無須對模型的開口使用 Lid 進行封閉。

STEP 3 設定初始整體網格

設定 **Level of initial mesh** 為 5。

STEP▸ **4**　設定計算域為二維

在 SOLIDWORKS Flow Simulation 分析樹中，按滑鼠右鍵點選 Input Data 下的 **Computational Domain**，選擇 **Edit Definition**。

在 **Type** 選項視窗中，指定在 **XY Plane** 的 **2D Simulation** 流動。點選 **OK**。

◆　**非均勻入口速度**

需要指定流體流入和流出系統的邊界條件，邊界條件可以設定為壓力、質量流率、體積流率或速度。本練習將包含一個變化的入口速度分布，如圖 7-24 所示。

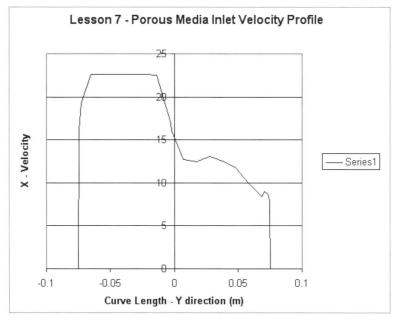

◉ 圖 7-24　入口速度

STEP▸ **5**　產生變化的入口速度

在 SOLIDWORKS Flow Simulation 分析樹中，按滑鼠右鍵點選 Input Data 下的 Boundary Condition，選擇 **Insert Boundary Condition**。

選擇表示入口的 SOLIDWORKS 特徵的內側表面，如圖 7-25 所示。

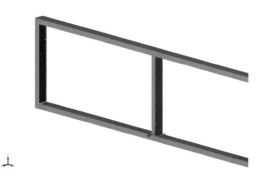

◉ 圖 7-25　選擇入口速度的特徵面

點選 **Type** 下的 **Flow openings**。

仍在 **Type** 下選擇 **Inlet Velocity**。

點選 **Flow Parameters** 下的 **Normal to face**。

點選 **Dependency** f_x。在 **Dependency** 窗口的 **Dependency type** 列表中，選擇 **F(y) - table**。

開啟 Lesson7 資料夾中的檔案 "X-Velocity-faced based.xls"。使用者可以將表格中的數值複製到設計窗口。滑鼠左鍵拖曳框選 Excel 數據並使用 Ctrl+C 和 Ctrl+V 進行複製操作。

當然，也可以手動輸入表 7-3 的數值。

表 7-3　F(y)- 表設定

Face Based - Y direction (m)	X – Velocity (m/s)
-0.075	0
-0.074333333	16.0341
-0.0726129	19.2855
-0.0326989	22.6
-0.0227204	22.6
-0.0134301	22.562
-0.0027634	16.9184
-0.0020753	16.0875
0.0072151	12.693
0.0175376	12.42
0.028204	13.0918
0.039559	12.42
-0.0653871	22.6
-0.0540323	22.6
-0.0433656	22.6
0.048505	11.7826

Face Based - Y direction (m)	X – Velocity (m/s)
0.058484	9.97044
0.068462	8.38286
0.070183	8.97531
0.07328	8.68414
0.074312	7.96345
0.074656	7.17069
0.075	0

點選兩次 **OK**。

提示 Y 座標對應根據面的局部座標系統,其原點位於所選面的中心。

技巧

為了對一個相關的邊界條件設定整體座標系統,使用者應當點選已經設定好的座標系統窗口,並按鍵盤中的 Delete 鍵。和局部座標系統不同的是,整體座標系統會自動顯現。

STEP 6 設定出口邊界條件

在 SOLIDWORKS Flow Simulation 分析樹中,按滑鼠右鍵點選 Input Data 下的 **Boundary Condition**,選擇 **Insert Boundary Condition**。

在入口速度的另一端,選擇通道的內側表面,如圖 7-26 所示。

點選 **Type** 選項視窗中的 **Pressure openings**,選擇 **Static Pressure**。

點選 **OK**,接受預設的環境參數。

⊙ 圖 7-26 施加出口邊界條件

STEP 7　設定多孔條件

在 Flow Simulation 分析樹中按滑鼠右鍵點選 **Porous Medium**，選擇 **Insert Porous Medium**。

從圖形窗口選擇零件 Porous<1>。

在 **Porous Media** 視窗中，展開預設資料夾並選擇 **Screen Material**。

點選 **OK**，關閉 **Porous Media** 視窗。

STEP 8　停用多孔性材質

在 SOLIDWORKS Flow Simulation 分析樹中，按滑鼠右鍵點選 Input Data 並選擇 **Component Control**。

在 **Component Control** 選項視窗中取消零件 porous<1>，點選 **OK**。

STEP 9　設定工程目標

在 SOLIDWORKD Flow Simulation 分析樹中按滑鼠右鍵，點選 Goals 並選擇 **Insert Surface Goal**。

在 Parameter 選項視窗中，勾選 **Static Pressure** 選項的 **Av.** 核選框。

點選 **OK**。

> 提示　選擇用於定義速度邊界條件的入口表面。使用者也可以從 SOLIDWORKS Flow Simulation 分析樹中選擇 Inlet velocity1 邊界條件，則入口表面會自動新增到 **Faces to Apply Surface Goal** 列表中。

STEP 10　執行這個專案

請確認勾選了 **Load results** 核選框，點選 **Run**。

STEP 11　設定模型透明度

從 **Tools → Flow Simulation** 功能表中，選擇 **Results → Display → Transparency**。移動滑塊至右側，以增加 **Value to set**，將模型的透明度設定為 0.75。

點選 **OK**。

STEP 12 產生截面繪圖

使用 Plane1，產生一張截面繪圖以顯示 **Velocity** 分布，如圖 7-27 所示。

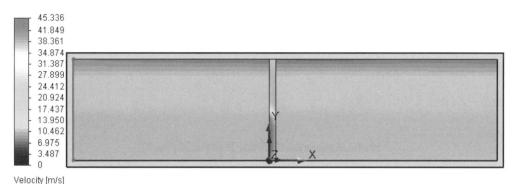

Velocity [m/s]

Cut Plot 1: contours

◉ 圖 7-27　產生速度截面繪圖

> **提示**　從使用者定義的入口速度分布來看，靠近通道底部的速度最高。

STEP 13 更改截面繪圖以顯示動壓力（圖 7-28）

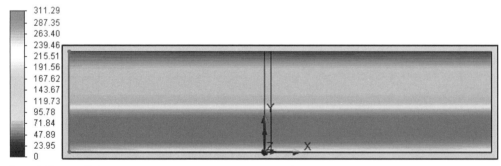

Dynamic Pressure [Pa]

Cut Plot 1: contours

◉ 圖 7-28　動壓力截面繪圖

> **提示**　使用者可能需要將 **Dynamic Pressure** 新增到可用參數列表中。為了實現這一點，需要展開 **Parameter** 下拉列表並選擇 **Add Parameter**。

STEP 14 在入口和出口附近產生 XY 圖

在 SOLIDWORKS Flow Simulation 分析樹中，按滑鼠右鍵點選 XY Plots 並選擇 **Insert**。

在 SOLIDWORKS FeatureManager 設計樹中，選擇 Sketch2 和 Sketch3。勾選 **Parameter** 選項視窗中的 **Velocity (X)** 核選框。

點選 **Export to Excel** 如圖 7-29 所示。

過濾孔對速度分布的影響極小。

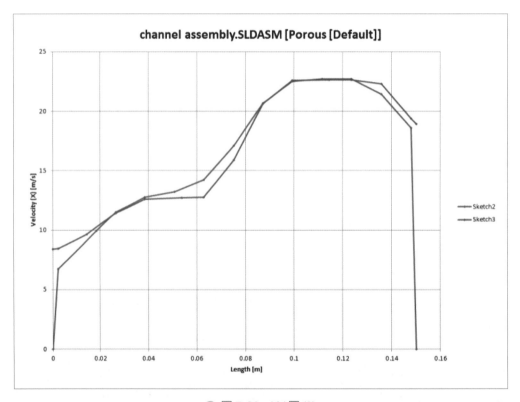

⊙ 圖 7-29　XY 圖 (3)

08

旋轉參考系統

順利完成本章課程後，您將學會：

- 根據問題參數選擇一個合適的計算方法

- 使用旋轉參照流動定義問題

8.1　概述

SOLIDWORKS Flow Simulation 允許在計算域中使用旋轉參考系統，可以指定旋轉參考系統為整體的或局部的。

當指定為整體時，假設所有壁面以參考系統相同的速度轉動，而且同時考慮到對應的科氏力和離心力。

當指定為局部時，則旋轉區域僅作用於特定的範圍（例如風扇或葉輪的周邊區域）。該區域必須被定義為一個模型的零件，並在該零件上指定旋轉的條件。這裡有兩種求解方法：平均和滑移。

- 在平均（**Averaging**）方法中，旋轉區域的流動會在旋轉區域的局部參考座標系統中計算。流場參數將作為邊界條件從相鄰的流動區域轉移到旋轉區域中。在旋轉區域的邊界中，流場必須是軸對稱的。旋轉區域不能與其他部位相交。

- 在滑移（**Sliding**）方法中，假設流場是不穩定的，而且必須使用對暫態分析。當轉子 - 定子作用非常強烈時，這個假設可以獲得高的模擬精度。然而，由於這個假設需要採用不穩定的數值算法，因此它更耗計算資源。

8.2　第一部分：平均

本章分為三部分。在第一部分中，使用平均（Averaging）方法來分析一個風扇。該問題的流場是軸對稱的；當使用平均方法時，流場的軸對稱性是其中的一個必要條件。

在第二部分，應用更穩健的滑移網格方法來解決鼓風機的非對稱問題。在第三部分中，回到風扇的問題，並應用滑移網格方法。這一次將利用軸向周期性並將計算域減少到只有一個週期，將大大減少解決方案所需的時間。

8.2.1　案例分析：桌上型風扇

本章將使用局部旋轉參考系統來模擬透過風扇的流動，手動建立網格並學習如何對結果進行適當的後處理操作。

8.2.2 專案描述

風扇以 200rad/s 的速度進行轉動，如圖 8-1 所示。風扇四周為環境壓力，而且風扇在 Z 方向還會產生 0.1m/s 的恆定風速。透過在葉片區域使用局部旋轉參考系統來分析透過風扇的流動。

該專案的關鍵步驟如下：

(1) **新建專案**：使用 **Wizard** 新建一個內部流場分析。

(2) **定義計算域並建立網格**：手動產生初始網格並進行網格設定。

(3) **定義旋轉區域**：定義風扇葉片周邊的旋轉區域。

(4) **施加邊界條件**：定義風扇四周的環境壓力。

⊙ 圖 8-1 桌上型風扇

(5) **設定計算目標**：定義的計算目標將用於評估最終結果。

(6) **設定計算控制並運算分析**：定義一些計算控制選項以縮短運算時間。

(7) **後處理結果**：使用各種 SOLIDWORKS Flow Simulation 的選項對結果進行後處理。

STEP 1 開啟組合件檔案

從 Lesson08\Case Study\Table Fan 資料夾中開啟檔案 "Fan_Assy"，確認當前使用的模型組態為 Default。

在風扇葉片周邊已經定義了局部旋轉區域，其名稱為 Part1。

> 提示 整個風扇都被零件 External cylinder 包圍。對於像這樣的旋轉問題，在風扇外圍建立一個罩住風扇的圓柱殼體有助於得到收斂解。因此，這個問題將被定義為內部流場分析。

STEP 2 新建專案

使用 **Wizard**，按照表 8-1 的設定新建一個專案。

表 8-1　專案設定

Configuration name	使用當前："Default"
Project name	"Fan Flow-averaging"
Unit system	SI 更改 **Length** 的單位為 mm
Analysis Type	Internal 選擇 **Rotation**，選擇 **Local region(s)**（Averaging）
Database of Fluid	**Air**
Wall conditions	**Default**
Initial conditions	不要勾選 **Thermodynamic Parameters** 下的 **Pressure Potential** 核選框 設定 **velocity in z direction** 為 0.1m/s，不要勾選 **Relative to rotating frame** 核選框，點選 **Finish**

STEP 3　設定初始整體網格

按滑鼠右鍵點選 **Global Mesh** 並選擇 **Edit Definition**，選擇 **Manual** 設定。

點選 **Global Mesh** 頁籤，按照以下設定：

X 方向網格數：24。

Y 方向網格數：24。

Z 方向網格數：27。

在 **Channels** 中，設定 **Maximum Channel Refinement Level** 為 3。在 **Advanced Refinement** 中，設定 **Small Solid Feature Refinement Level** 為 3，點選 OK。

STEP 4　建立旋轉區域

在 SOLIDWORKS Flow Simulation 分析樹中按滑鼠右鍵點選旋轉區域，選擇 **Insert Rotation Regions**。

使用 SOLIDWORKS 的展開 FeatureManager，選擇 Part1。

指定角速度為 200rad/s，點選 **OK**，結果如圖 8-2 所示。

在零件被指定為旋轉之後，切記要在 **Component Control** 中將其排除在外。

如果使用者不能在 Flow Simulation 分析樹中看到 **Rotating Regions**，則需要按滑鼠右鍵點選專案 Fan Flow 並選擇 **Customize Tree**，之後使用者便可以從列表中選擇旋轉區域。

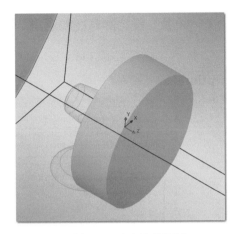

◐ 圖 8-2　建立旋轉區域

STEP 5　指定環境壓力

對外圍圓柱體的內壁指定一個 **Environment Pressure**，如圖 8-3 所示。

◐ 圖 8-3　指定環境壓力

STEP 6　產生局部網格

在 Flow Simulation 分析樹中按滑鼠右鍵點選 **Mesh**，選擇 **Insert Local Mesh**，並進行以下設定：

選擇 **Part1**。

在 **Channels** 中，設定 **Maximum Channel Refinement Level** 為 2。在 **Advanced Refinement** 中，設定 **Small Solid Feature Refinement Level** 為 5。

點選 **OK**。

STEP 7　產生表面目標

選擇零件 Fan_blade，施加表面目標 **Force (Z)** 和 **Torque (Z)**。

STEP 8　設定計算控制選項

按滑鼠右鍵點選 Flow Simulation 分析樹下的 Input Data，選擇 **Calculation Control Options**。如圖 8-4 所示。

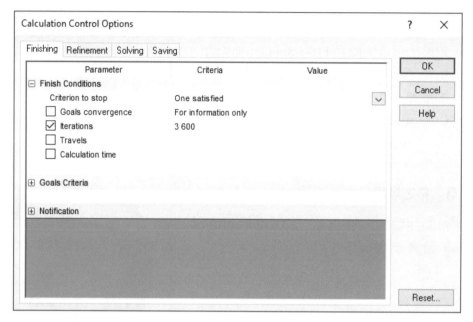

◉ 圖 8-4　設定計算控制選項 (1)

在 **Finish** 頁籤中，勾選 **Iterations** 並設定為 3600。

取消勾選 **Calculation time**、**Travels**、**Goals convergence** 核選框。

點選 **OK**。

STEP 9　執行這個專案

在規格 32 GM RAM 的 2.9 GHz Intel(R) Core(TM) i7-7820HQ CPU 工作站中，這個分析大約需要 30min。

進行到這一步，我們可以選擇繼續運算完成這次模擬。由於時間關係，我們可以使用提前計算好的分析結果用於後處理。

STEP 10　啟動模型組態

啟動專案 completed-averaging。

STEP **11** 載入結果

按滑鼠右鍵點選 **Results** 並選擇 **Load**。

STEP **12** 查看截面繪圖

按滑鼠右鍵點選 Flow Simulation 分析樹下的 Cut Plots，選擇 **Insert**。

點選 **Contours** 選項視窗中的 **Contours** 和 **Vectors**。

從 SOLIDWORKS FeatureManager 設計樹中選擇 Right Plane。

選擇 **Contours** 選項視窗中的 **Velocity**，並將 **Number of Levels** 提高到 100。

設置最大值與最小值在 **Plot Maximum** 跟 **Plot Maximum**。

點選 **OK**，結果如圖 8-5 所示。

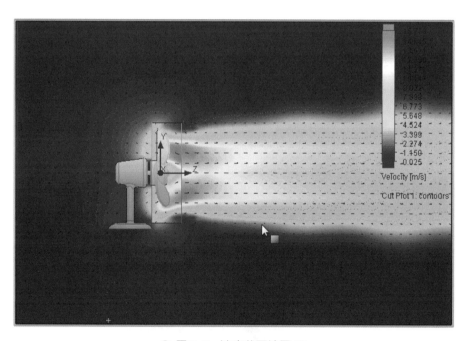

⊙ 圖 8-5 速度截面繪圖 (1)

STEP **13** 顯示表面繪圖

按滑鼠右鍵點選 **Surface Plots** 並選擇 **Insert**。

在 SOLIDWORKS FeatureManager 設計樹中點選整個零件 Fan_Blade1，選擇該零件的所有表面。

在 **Display** 選項視窗中選擇 **Contours**。

選擇 **Contours** 選項視窗中的 **Velocity**，並將 **Number of Levels** 提高到 100。設置最大值與最小值在 **Plot Maximum** 跟 **Plot Maximum**。

點選 **OK**，結果如圖 8-6 所示。

葉片最外圍的部分速度最高。速度隨半徑減小而降低。

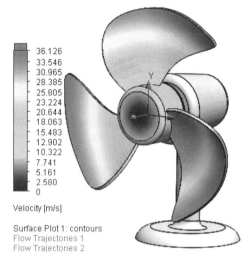

◉ 圖 8-6　速度表面繪圖

STEP 14 顯示壓力表面繪圖

和 STEP 13 一樣，針對 **Pressure** 定義一個新的表面繪圖，如圖 8-7 所示。

當空氣流入風扇時，壓力會降低；而當空氣離開風扇時，壓力會升高。風扇前後的靜壓差也稱之為壓差。

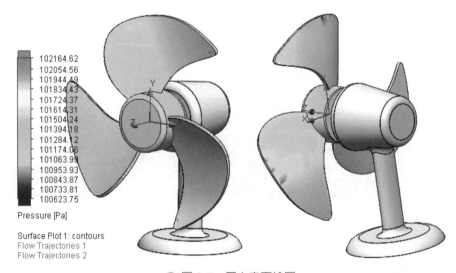

◉ 圖 8-7　壓力表面繪圖

STEP 15 產生流線軌跡

在 Flow Simulation 分析樹中，按滑鼠右鍵點選 **Results** 下的 **Flow Trajectories**，選擇 **Insert**。

在 SOLIDWORKS FeatureManager 的設計樹中，點選 Sketch1 項目。這將選取 Sketch1 的曲線作為 **Reference**。

在 **Starting Points** 選項視窗中的 **Number of Points** 框中輸入 100。

在 **Appearance** 選項中，點選 **Static Trajectories**，選擇 **Pipes**。在 Width 框中輸入 5mm。

在 **Constraints** 選項視窗中的 **Maximum length** 中，將數值提高到 30000mm。

設置最大值與最小值在 **Plot Maximum** 跟 **Plot Maximum**。

點選 **OK**。

STEP> 16 產生第二個流線軌跡

採用和前面步驟中一樣的參數，定義一組新的流線軌跡，使用 Front Plane 作為參考。

最終的結果繪圖同時顯示了前面兩個步驟的流線軌跡，如圖 8-8 所示。

◉ 圖 8-8　流線軌跡

8.2.3　噪音預測

風扇噪音或風切的聲音排放是目前一項非常重要的設計標準。一個好的風扇設計，不但可以增加風量，而且能夠降低噪音。

◉ **寬帶模型**

在由紊流所引起的許多應用噪音中，並沒有包含有具體特定的聲調，而是包含了寬頻譜的頻率。在這種情況下，可以從普勞德曼公式中很容易地得到統計噪音量，由此計算沒有平均流量下各向同性紊流。寬帶噪音源模型不需要暫態解，而且也不會提供任何頻譜訊息。

- **聲功率**：聲功率是聲源在單位時間內向空間輻射聲的總能量。劑量的單位為 W/m^3。
- **聲學能量等級**：聲學能量等級按照分貝計量，計算公式以下：

$$L_w = 10 \log \frac{P}{P_0}$$

其中，P_0 代表人類可以分辨的最小聲音所對應的聲功率。

STEP ▶ **17 查看聲學能量等級的表面繪圖**

以 dB 為單位的聲學能量等級表面繪圖顯示了大多數噪音發生的區域以及對應的等級，如圖 8-9 所示。

在不同的設計和轉速下運算多次模擬，將會獲得噪音等級並幫助選擇最佳風扇設計。

> 提示　對於暫態分析，有可能透過 FFT 圖得到頻譜訊息。

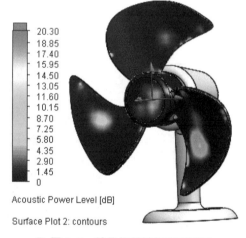

```
20.30
18.85
17.40
15.95
14.50
13.05
11.60
10.15
8.70
7.25
5.80
4.35
2.90
1.45
0
```

Acoustic Power Level [dB]

Surface Plot 2: contours

◉ 圖 8-9　聲學能量等級表面繪圖

8.3 第二部分：滑移網格

在本章的第二部分，將使用更強的滑移網格（Sliding Mesh）方法來模擬透過鼓風機的流動。這種方法假設流場不穩定，因此只對暫態求解有效。然而這種方法適用於多種流動情形，特別適合對下列情況：一是轉子 - 定子交互強烈的區域，二是從旋轉部件的徑向排出流體的區域。該方法比平均法要耗費更多的計算資源。

8.3.1 案例分析：鼓風機

在這個案例分析中，將使用滑移網格方法來模擬透過鼓風機的流動。模型的基本特徵是：流體徑向地流出旋轉體，而且在轉子和定子之間存在很強的交互。

8.3.2 專案描述

圖 8-10 所示的鼓風機風扇以 700rpm(73.3rad/s) 的速度旋轉，以帶動空氣從系統一側傳遞到另一側。使用滑移網格方法來分析流體如何穿過風扇。

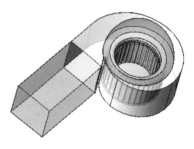

⊙ 圖 8-10　鼓風機風扇

操作步驟

STEP **1** 開啟組合件檔案

從 Lesson08\Case Study\Blower Fan 資料夾中開啟檔案 "fan"。

風扇的入口是圓頂形的端蓋，有助於觀察在風扇入口更合理的流動分布。

> 提示　這個模擬的設定部分和第一部分的風扇模型很相似，因此這個分析的一些特徵已經提前設定完成，只是在這裡再查看一遍。

STEP **2** 啟動專案

啟動專案 Blower fan-sliding mesh。

專案的設定見表 8-2。

表 8-2　專案設定

Configuration name	使用當前："Default"
Project name	"Blower fan-sliding mesh"
Unit system	SI 將 **Length** 的單位更改為 m

Analysis Type	Internal 選擇特徵：**Rotation**、**Local region(s)**（**Sliding mesh**）
Database of Fluid	Air
Wall conditions	預設值
Initial conditions	不要勾選 **Thermodynamic Parameters** 下的 **Pressure Potential** 核選框，點選 **Finish**

STEP 3 查看初始整體網格

此專案的初始網格需要使用進階設定。查看整體網格設定。

在 **Basic Mesh** 中，查看手動指定的網格數量。

在 **Refining Cells** 中，**Level of Refining Fluid Cells** 和 **Level of Refining Cells at Fluid/Solid Boundary** 都被設定為 1。

在 **Channels** 中，**Characteristic Number of Cells Across Channel** 設定為 5，**Maximum Channel Refinement Level** 設定為 2。

在 **Advanced Refinement** 中，**Small Solid Feature Refinement Level** 和 **Tolerance Level** 都設定為 4。**Tolerance Criterion** 設定為 0.0015m，如圖 8-11 所示。

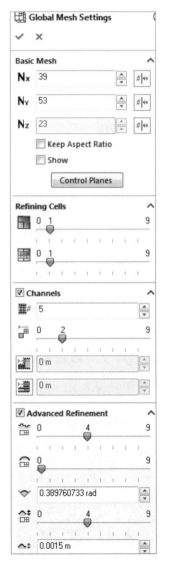

● 圖 8-11　查看初始整體網格

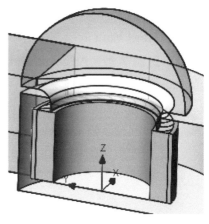

◉ 圖 8-12　查看旋轉區域

STEP 4　查看旋轉區域

與風扇模型類似，必須定義包圍旋轉體周圍的旋轉區域，如圖 8-12 所示。

查看專案特徵 Rotating Region 1，角速度設定為 700rpm(73rad/s)。在 **Component Control** 工具中，取消勾選 rotating region 零件。

8.3.3　轉子切面

請注意，這個專案中使用的旋轉區域並不包含轉子頂部和底部至鈑金的頂面和底面。然而旋轉區域可以包含它們，這裡使用一個替代的方法，如圖 8-13 所示。

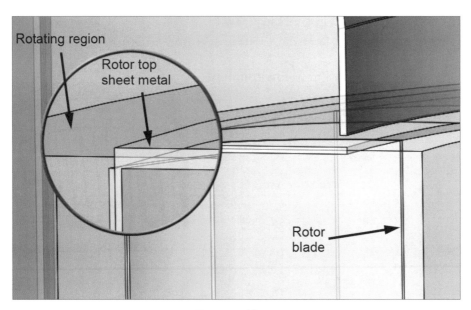

◉ 圖 8-13　轉子切面

當整個壁面移動相對於流體切線方向時，建議使用明確的 Real Wall boundary condition。一般建議應用在旋轉區域的內側和外側兩面。因此，700 RPM 絕對角速度應用於所有切向面上。

STEP▶ **5** 設定轉子的相切壁面

在轉子頂部的三個表面和轉子底部的四個表面定義 **Real Wall** 的邊界條件,如圖 8-14 所示。相對於整體 Z 軸,**Angular Velocity** 指定為絕對值 700rpm。

提示　因為該邊界條件是應用到旋轉區域內外兩側的相切面,因此必須使用絕對值。

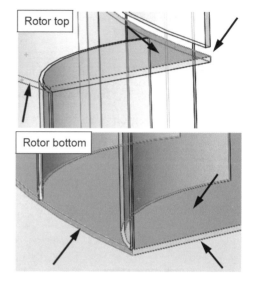

◉ 圖 8-14　轉子的相切壁面

STEP▶ **6** 設定入口邊界條件

入口邊界條件採用的是圓頂形的 Lid,有助於在風扇入口產生更真實的流量分布。

在圓頂 Lid 的內側表面指定一個 **Environment Pressure** 邊界條件,如圖 8-15 所示。

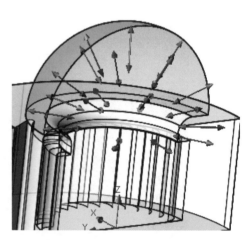

◉ 圖 8-15　設定入口邊界條件

STEP **7** 設定出口邊界條件

在出口 Lid 的內側表面指定一個 **Environment Pressure** 邊界條件，如圖 8-16 所示。

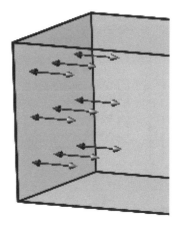

⊙ 圖 8-16　設定出口邊界條件

STEP **8** 查看局部網格

這個專案設定了兩個局部網格控制的條件，第一條件定義在旋轉區域部分，可以在轉子四周直接細化網格。第二個條件是特別建立的，是為了進一步細化葉片頭部的網格，也就是可能會產生複雜的不穩定流的區域。在這個條件中，每根葉片兩側的前緣部分都使用了虛擬的圓柱體，這都包含在零件 lm2 中。

查看這兩個局部網格，如圖 8-17 所示。

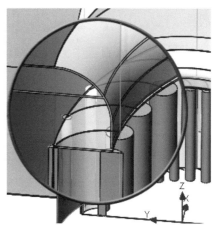

⊙ 圖 8-17　查看局部網格

STEP **9** 查看目標

這個專案已經定義好了幾個目標，查看所有已經定義好的目標。

STEP **10** 設定計算控制選項

在 Flow Simulation 分析樹中按滑鼠右鍵點選 Input Data 並選擇 **Calculation Control Options**。在 **Finish** 頁籤中，勾選 **Physical time** 核選框，並指定 0.2s。其他選項都保持不勾選狀態，如圖 8-18 所示。

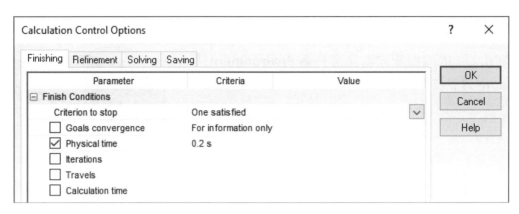

⊙ 圖 8-18　設定計算控制選項 (2)

專案將模擬轉子轉動兩圈多一點時間。單圈的周期（可以透過角速度 700rpm 求得）是 0.0857s。

在 **Refinement** 頁籤中，確保 **Global Domain** 選定為 **Disabled**，局部區域使用整體設定（已停用）。

在 **Solving** 頁籤中，指定 **Manual** 的時間步階為 0.0002s，如圖 8-19 所示。

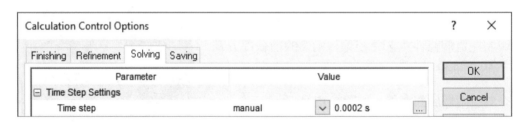

⊙ 圖 8-19　設定求解選項

8.3.4　時間步階

時間步階在任何暫態求解中都是非常重要的參數。太大的時間步階會導致求解器發散，或產生不正確的結果，而太小的時間步階導致花費很長時間來執行模擬。一般而言，自動預設會使用保守的時間步階，確保模擬結果是正確的。可惜的是，對於預設的條件而言，都需花費較長的求解時間。

另一方面，使用者可以採用手動設定，指定一個更大的時間步階以加速計算。必須注意的是，工程師有責任確保手動指定的時間步階足夠小，可以得到正確的和收斂的結果。

在本專案中,將根據絕對時間的時間步階假設,及一根葉片從當前位置移動到相鄰葉片位置所需時間。已知角速度為 700rpm,轉子葉片有 32 根,一根葉片從當前位置移動到相鄰葉片位置所需時間為

$$\Delta_t = \frac{60}{700 \times 32 \times 10} = 2.67 \times 10^{-4}$$

> **提示** 時間步階等於一根葉片從當前位置移動到相鄰葉片位置所需時間的 1/10。

STEP 11 設定時間周期

在 **Saving** 頁籤中,在 **Full Results** 下方勾選 **Periodic** 並選擇 **Physical time [s]**,在 Start 中輸入 0s,在 **Period** 中數入 0.004s。如圖 8-20 所示。

點選 **OK**。

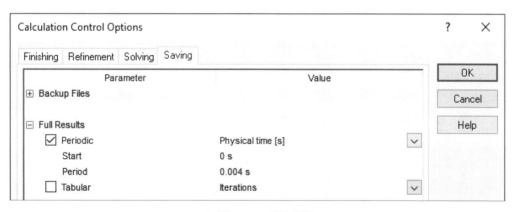

◉ 圖 8-20 儲存頁面

> **提示** 總共 50 個計算結果案例將被儲存。

STEP 12 執行該專案

現在可以開始運算這個模擬,大約需要 52h 進行求解,工作站配備為 3.6GHz Intel Xeon E5,16GM RAM。

由於需要花費大量時間,分析已經提前計算完畢。由於電腦空間占用過大,結果檔並未包含在內含資料夾中。

後處理部分包含兩個速度截面繪圖和一個暫態動畫。

STEP **13** 產生速度截面繪圖

圖 8-21 和圖 8-22 兩個速度截面繪圖顯示了模擬開始階段（分別對應的是第 1 個時間步階和第 20 個儲存的時間步階）和結束時的速度場分布。

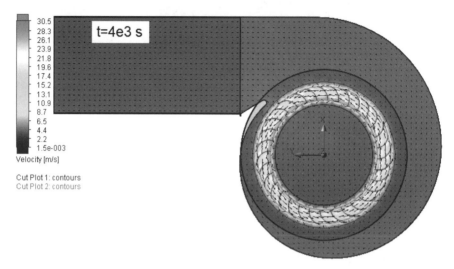

圖 8-21　速度截面繪圖 (2)

在模擬剛開始的時刻，注意到只有轉子附近的空氣有顯著的高速轉動。

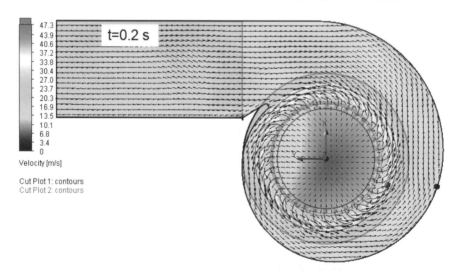

圖 8-22　速度截面繪圖 (3)

紅色球體標記的最高速度達到了約 48m/s。

STEP **14** 觀察動畫

轉子頭兩圈地運動捕獲在附加的 animation1.avi 中。

捕捉的事件持續時間只有 0.2s，幀率為 100fps。為了更好地觀察動畫，可以降低播放速度至大約 25% 倍速或更低。

8.4 | 第三部分：軸向週期性

在第三部分，應用軸向周期性來求解第 1 部分中的桌上型風扇模型。軸向周期性僅適用於強大的滑移網格技術。此週期解的結果將與第 1 部分中獲得的結果進行比較，其中使用了更簡單和更快的混合平面方法。。

操作步驟

STEP 1   開啟組合件檔案

從 Lesson08\Case Study\Table Fan 資料夾中開啟檔案 "Fan_Assy"。

此問題已經在本章第一部分教學中求解過。

STEP 2   新建專案

啟用 Project Fan Flow - sliding mesh – periodicity 專案。

該專案的設定與第 1 部分中使用的相同。唯一的區別是使用了滑移網格方法，以及相應的時間參數。下表總結了專案設定。如表 8-3 所示。

表 8-3　專案設定

Configuration name	使用當前："Default"
Project name	"Fan Flow - sliding mesh - periodicity"
Unit system	SI 更改 **Length** 的單位為 mm
Analysis Type	Internal 選擇 **Rotation**，選擇 **Local region(s)**（**Sliding mesh**）
Database of Fluid	Air
Wall conditions	Default
Initial conditions	不要勾選 **Thermodynamic Parameters** 下的 **Pressure Potential** 核選框 設定 **velocity in z direction** 為 0.1m/s，不要勾選 **Relative to rotating frame** 核選框，點選 **Finish**

STEP 3 設定計算域

在 Flow Simulation 分析樹中，按滑鼠右鍵點選 **Input Data** 下的 **Computational Domain** 中，選擇 **Edit Definition**。

勾選 **Axial Periodicity**，在 **Plane, Surface** 中選擇 Plane3@Fan_Blade-1@Fan_Assy。

在 **Axis** 中選擇 Axis1@Fan_Blade-1@Fan_Assy。

在 **Starting Angle** 中輸入 3.14159 rad，**Number of Sectors** 中輸入 3，在 **Max Radius** 中輸入 601.2 mm，在 **Min Radius** 中輸入 0 mm。

保留 **Size and Conditions** 參數和預設值，點選 **OK**，如圖 8-23 所示。

建立的計算域如圖 8-24 所示。

◉ 圖 8-23　設定計算域

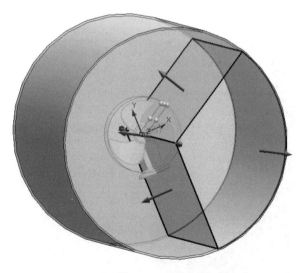

◉ 圖 8-24　計算域

4 執行該專案

現在可以開始運算這個模擬,大約需要 50min 進行求解,工作站配備為 2.9 GHz Intel(R) Core(TM) i7-7820HQ CPU,32 GM RAM。

因為計算所需時間較長,該分析的結果已經先計算出來,將可以進行後處理。

> **提示** 為了節省空間,只有最終時間的計算結果提供在檔案資料夾中。

STEP 5 啟動專案

啟動 completed - axial periodicity 專案。

STEP 6 下載結果

按滑鼠右鍵點選 Results 並選擇 **Load**。

STEP 7 查看截面圖

顯示 **Velocity** 的截面圖,如圖 8-25 所示。

◉ 圖 8-25　速度截面繪圖 (4)

最大速度以及速度場的分佈與使用完整計算域平均方法（Averaging method）獲得的結果相近。平均方法（本章節第 1 部分的解決方案）。

STEP▶ 8 查看截面圖動畫

兩部動畫儲存在本章課程資料夾中。Axial periodicity.mp4 和 Full domain.mp4。顯示最初 2 秒軸向周期性和全域的解。兩個都是使用更穩健的滑移網格方法獲得的，查看並比較它們。

8.5 總結

本章學習了兩種不同的求解旋轉流動問題的方法：平均和滑移。

平均法是相對簡單的方法，它在流場分布上有一定假設。一個重要的假設是忽略旋轉特徵，流動必須是軸對稱的。這意味著流動的主體必須軸向地流進和流出轉動區域。這個方法的優點是能夠在相對短的時間內得到結果。

滑移法是一個能夠跟蹤不穩定流場複雜的旋轉流動的強大方法。在本章展示的例子中，使用了徑向出氣的鼓風機。採用這個方法的計算必須是暫態的，而且需要相當長的時間才能完成。

滑移網格方法可以利用軸向周期性對稱，前提是問題的性質允許這種假設。我們在本章第 1 部分桌上型風扇做出了這樣的假設。本章的第 3 部分再次使用這個問題，這次使用的是軸向周期性。比較了各種問題設置的解決方案。

練習 8-1 吊扇

在本練習中，我們將計算三個葉片組成的吊扇旋轉產生的流動結果，如圖 8-26 所示。本練習將應用以下技術：

- 旋轉參考系統。
- 旋轉區域 - 平均。
- 建立旋轉區域。
- 產生局部網格。

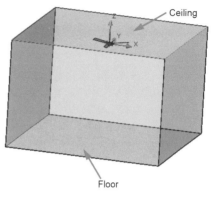

◉ 圖 8-26　流場上下區域

專案描述

圖中的分析案例帶有三個葉片。它位於一個較大的空間中，在這個模擬中只模擬其中一部分。因此在這裡並不存在模型的壁面，指定計算域的四個側面環境壓力的邊界條件，如圖 8-27 所示。風扇的旋轉速度為 300 rpm(31.4rad/s)。

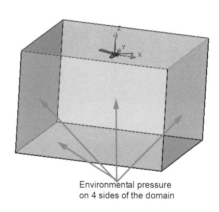

◉ 圖 8-27　流場四周區域

邊界條件

風扇的轉速為 300rpm。計算域的四個側面都指定環境壓力的邊界條件進行模擬。風扇的特定旋轉部分需要包含在旋轉區域中，在旋轉壁面運動的其他部分有可能需要指定真實壁面的邊界條件。

計算域

選擇 **Size and Conditions** 頁籤並輸入表 8-4 中的數值。

表 8-4　對稱條件和域的大小

Size	meters
X_{max}	2.25
X_{min}	-2.25
Y_{max}	2.25
Y_{min}	-2.25
Z_{max}	0.29298
Z_{min}	-2.7

◆ 目標

產生旋轉區域的虛擬實體並選擇包含在其中的部分。在計算域中，對所有重要區域和風扇的所有重要部分建立合理的局部網格控制，計算流動的截面繪圖。

練習中所用的組合件檔案 Fan_Assembly 位於 Lesson08\Exercises 資料夾中。

09

參數研究

 順利完成本章課程後，您將學會：

- 使用參數（最佳化）研究特徵建立一個分析

- 使用對稱基準面建立一個四分之一模型

- 正確後處理參數化分析的結果

9.1 案例分析：活塞閥

本章使用 SOLIDWORKS Flow Simulation 對一個活塞閥組合件進行一次參數最佳化（圖 9-1），該模型可以使用對稱來簡化計算。案例中將使用模型的一個尺寸來作為可變參數，並將定義一個目標用於判定收斂。

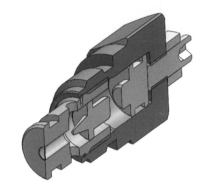

◉ 圖 9-1　活塞閥

9.2 專案描述

水從入口沿著軸向流向活塞，如圖 9-2 所示。壓力會作用在活塞上，然後將水沿著徑向從排出孔流出。活塞由一個彈簧進行約束，在活塞表面必須作用 6N 的作用力才能使彈簧發生移動。當入口壓力為 2bar（1bar =10⁵Pa），出口壓力為 1bar 時，需要找到可以產生這個作用力對應的組合件模型組態（例如：活塞位置）。透過採用對稱條件，可以使用四分之一模型來代表整個閥門的實體。

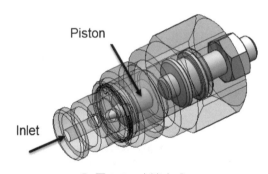

◉ 圖 9-2　水流方式

該專案的關鍵步驟如下：

(1) **新建專案**：使用 **Wizard**，新建一個內部流場分析。

(2) **定義計算域**：在模型中使用對稱條件簡化計算域。

(3) **施加邊界條件**：定義流體流入和流出外殼的條件。

(4) **設定計算目標**：為了評估每一步迭代的結果，需要定義計算的目標。

(5) **定義參數研究**：定義可變參數及模型目標。

(6) **執行分析**。

(7) **後處理結果**：使用各種 SOLIDWORKS Flow Simulation 的選項進行結果的後處理。

在參數研究（經常也稱之為最佳化）中，指定邊界的特定參數在每次迭代時都將發生變化，因此產生了一系列的計算，直到滿足了特定目標的要求或研究具體影響設計的趨勢。

9.3 穩態分析

這個參數研究只能考慮固定模型實體的穩態分析。如果使用者想研究流動達到穩態所需的時間，則需要使用暫態分析，但這時參數研究的選項就無法使用了。這時每個專案必須分別修改計算。

操作步驟

STEP 1　開啟組合件檔案

從 Lesson09\Case Study 資料夾中開啟檔案〝Piston Valve〞，確認當前使用的模型組態為 Default。

STEP 2　新建專案

使用 **Wizard**，按照表 9-1 的設定新建一個專案。

表 9-1　專案設定

Configuration name	使用當前值：〝Default〞
Project name	〝Piston〞
Unit system	SI(m-kg-s) 在參數表格的 **Main** 下，選擇 bar 作為 **Pressure & stress** 的單位（1 bar = 10^5 Pa）
Analysis Type	Internal 同時勾選 **Exclude cavities without flow conditions** 核選框
Database of Fluid	Water
Wall conditions	預設的絕熱壁面，粗糙度為 0 micrometer
Initial conditions	預設值，點選 **Finish**

STEP 3　設定初始整體網格

設定 **Level of Initial Mesh** 為 3。

STEP 4 設定計算域

在 Flow Simulation 分析樹中，按右鍵點選計算域並選擇 **Edit Definition**。

輸入表 9-2 的數值，在 **Size and Conditions** 視窗中指定適當的條件。

表 9-2　設定計算域

Size	meters	Condition
X_{max}	0.00335	—
X_{min}	-0.013	—
Y_{max}	0.0065	—
Y_{min}	0	Symmetry
Z_{max}	0.0065	—
Z_{min}	0	Symmetry

完成後點選 **OK**。

STEP 5 設定入口邊界條件

在 SOLIDWORKS Flow Simulation 分析樹中，按滑鼠右鍵點選 Boundary Condition，選擇 **Insert Boundary Condition**。

選擇入口 Lid 的內側表面，如圖 9-3 所示。

選擇 **Type** 選項視窗中的 **Pressure openings**，選擇 **Static Pressure**。

在 **Thermodynamic Parameters**，輸入 2bar 作為壓力。

點選 **OK**，重新命名入口邊界條件為 Inlet p=2bar。

● 圖 9-3　設定入口邊界條件

STEP 6 設定出口邊界條件

在 SOLIDWORKS Flow Simulation 分析樹中，按滑鼠右鍵點選 Boundary Condition，選擇 **Insert Boundary Condition**。

選擇出口 Lid 的內側表面，如圖 9-4 所示。

選擇 **Type** 選項視窗中的 **Pressure openings**，選擇 **Static Pressure**，指定壓力數值為 1bar。

點選 **OK**，重新命名出口邊界條件為 Outlet p=1bar。

◉ 圖 9-4　設定出口邊界條件

STEP 7 設定 Global Goal

點選對應 **Static Pressure** 的 **Av.** 核選框，同時確認已經勾選了 **Use for Conv.** 核選框。

STEP 8 設定表面目標

在 SOLIDWORKS Flow Simulation 分析樹中，按滑鼠右鍵點選 Goals，選擇 **Insert Surface Goal**。

點選 **Force (X)** 核選框，同時確認已經勾選了 **Use for Conv.** 核選框。

更改零件 Part2 的透明度，以便能夠看到活塞。選擇活塞暴露在流動中的 4 個表面，如圖 9-5 所示。點選 **OK**。

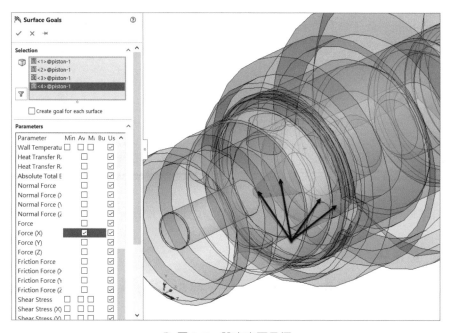

◉ 圖 9-5　設定表面目標

9.3.1 參數研究

指令**TIPS** **Parametric Study**（參數研究）🔍

參數研究允許您啟動一組計算，目標是研究選定數量的趨勢，或找到選定參數的最佳值，直到達到指定目標（優化）。

參數研究中的每一次迭代都會新建一個包含不同變數（定義為一個尺寸或邊界條件）的模型組態，這些變數將改變流場。使用者可以定義三種類型的參數研究：

- 一維最佳化（目標最佳化）：在每一次迭代計算中，都將計算一次特定的目標並和既定目標（定義為常數、表格或函數相關）進行對比。模型將自動更新可變參數，然後周而復始地求解專案，直到下面列出的條件之一得到滿足：符合既定目標的要求；達到了迭代的最大數量；或是判定在給定可變參數條件下無法滿足目標要求。

- 多變數設計方案（假設分析）：每次迭代都可以改變多個參數，直到獲得期望的數值。這個方案後處理可以讓使用者研究所選量及它們在研究參數中的相關性趨勢。

- 多參數優化（實驗設計和最佳化）：基於多變數反應曲面的優化擴展了一維優化。允許使用者定義多個幾何和尺寸參數，並對目標函數進行最佳化（最小化、最大化，或找到特定值）。目標函數可以定義為單個目標，或指定權重的目標總和。這項用來實現最佳化的技術解決方案被稱為實驗設計（DoE）。

操作方法

- 從 **Tools** → **Flow Simulation** 功能表中，點選 **Solving** → **New Parametric Study** ⊞。

- 在 Flow Simulation 工具列中，點選 **Solving** → **New Parametric Study** ⊞。

- 在 Flow Simulation 分析樹中，按滑鼠右鍵點選專題名稱，並選擇 **New Parameter Study** ⊞。

9.4 第一部分：目標最佳化

本章將準備一個目標最佳化的專案，目的是找到閥門的最佳化位置。

STEP 9 設定參數研究 (1)

從 **Tools** → **Flow Simulation** 功能表中，點選 **Solving** → **New Parametric Study**，開啟參數研究的設定視窗。

將參數研究切換到 **Goal Optimization** 模式，如圖 9-6 所示。

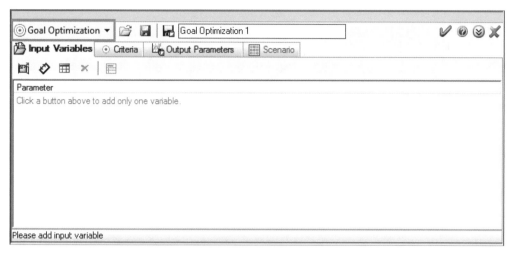

● 圖 9-6　設定參數研究

 在 **Goal Optimization** 模式，只有一個變數可以改變。

9.4.1　輸入變數類型

使用者可以選擇最佳化一個尺寸或流動參數（質量流率、入口體積流率等）。

在這個專案中，想知道產生 6N 力時活塞的位置。因此，將使用 **Add Dimension Parameter** 選項，透過改變 SOLIDWORKS 的結合條件來控制活塞的位置。

STEP 10 指定輸入變數類型

在 **Input variables** 頁籤中，點選 **Add Dimension Parameter**，開啟 **Add Parameter** 視窗。點選控制活塞位置在結合條件尺寸 Piston X，將其新增到 **Add Parameter** 選擇框中，如圖 9-7 所示。

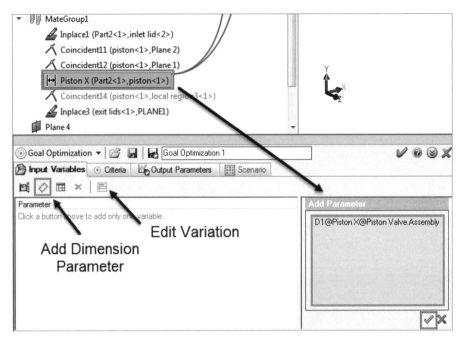

● 圖 9-7 指定輸入變數類型

點選 **OK** 並關閉 **Add Parameter** 選擇框。

STEP 11 指定輸入變數範圍

點選 **Edit Variation** 目，如圖 9-8 所示，
分別輸入 0.003m 和 0.006m 作為最小值和最大
值。點選 **OK** 關閉 **Edit Variation** 視窗。

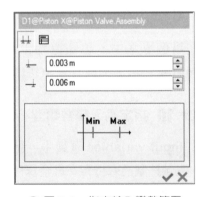

● 圖 9-8 指定輸入變數範圍

STEP 12 新增目標

點選 **Criteria** 頁籤，點選 **Add Goal** ♣，
如圖 9-9 所示。

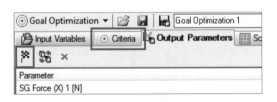

● 圖 9-9 新增目標

在 **Add Goal** 視窗中，勾選 **SG Force(X)1**
核選框，如圖 9-10 所示。點選 **OK**，關閉 **Add
Goal** 視窗。

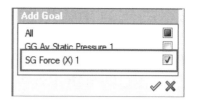

◉ 圖 9-10 新增目標

STEP **13** 指定目標值

仍然在 **Criteria** 頁籤中，點選 **Target Value**
◎，指定 **Target Value** 為 1.5N、**Maximum**
Deviation 為 0.3N，如圖 9-11 所示。

點選 **OK**，關閉 **Target Value** 視窗。

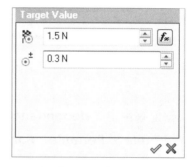

◉ 圖 9-11 指定目標值

STEP **14** 指定輸出參數

點選 **Output Variable** 頁籤。用作標準的目
標 SG Force(X)1 將自動新增到輸出變數中，在後
處理中將用到這些數據。點選 **Add Goal** ✖，還
可以新增更多輸出參數，如圖 9-12 所示。

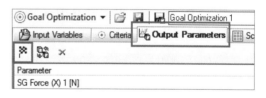

◉ 圖 9-12 指定輸出參數

勾選 SG Force (X) 1，點選 **OK**，如圖 9-13
所示。

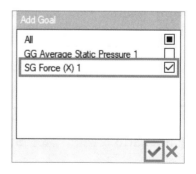

◉ 圖 9-13 選定輸出目標

9.4.2 目標值相關性類型

使用者可以選擇指定目標值的相關性類型。本章 STEP 13 中給定的 **Constant** 目標值為 1.5N。目標值相關性類型在預設情況下也被設定為 **Constant**（圖 9-14）。

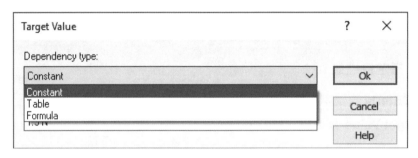

◎ 圖 9-14 相關性類型

目標值視窗中的 **dependence** *fx*（圖 9-11）可以讓使用者指定更多複雜的相關性類型，例如 **Table** 和 **Formula**。**Formula** 類型可以讓使用者直接關聯目標值和輸入變數（在這個例子中即控制活塞位置的尺寸）。

9.4.3 輸出變數初始值

點選 **Criteria** 頁籤中的 **Initial Values** 🖳，可以讓使用者透過在 STEP 11 中指定的輸入變數範圍內指定輸出變數值（例如，流動模擬的結果）來節省計算時間。如果這些值是未知的，則保留這些地方為空白，如圖 9-15 所示。

SOLIDWORKS Flow Simulation 會自動執行兩個額外的計算，來取得在輸入變數範圍內的結果。

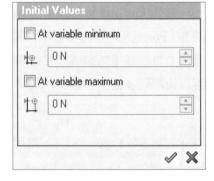

◎ 圖 9-15 初始值

STEP▶ 15 研究選項

在 **Scenario** 頁籤中，點選 **Study Options**，如圖 9-16 所示。

在 **Study Options** 視窗，在 **Maximum number of calculations** 中輸入 10。對其餘選項保留預設值，如圖 9-17 所示。

點選 **OK**，關閉 **Study Options** 視窗。

◉ 圖 9-16　方案選項

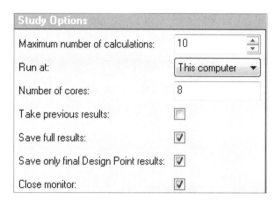

◉ 圖 9-17　研究選項

9.4.4　執行最佳化研究

SOLIDWORKS Flow Simulation 將嘗試 10 次計算，以取得當輸出變數（作用在活塞上的力）為 1.5N（收斂準則設為 0.3N）時對應的輸入變數的值（活塞位置）。如果無法找到這樣的位置，則需要進行更多的計算。注意，如果定義了更複雜的相關性，則計算量可能會非常大。

◆ **最佳化研究結果**

每次新的計算都會在相同的 SOLIDWORKS 模型組態下關聯一個新的研究。因此可以查看每個輸入變數數值的結果。

◆ **在多台工作站中執行**

在 **Scenario** 頁籤中點選 **Add Computer** ♣，可以讓使用者新增多台與網絡相連的工作站。該工作站可以執行 STEP 15 中指定的研究選項中的研究。

這個設置必須要有適當的軟體許可證。

STEP▶ 16 執行研究 **(1)**

查看 **Scenario** 頁籤中摘要表的研究設定，然後點選 **Run**。

提示　如果使用者不想立即執行這個參數研究，可以在 **Scenario** 頁籤的工具列中選擇 **Save Study As**。當準備好執行這個參數研究時，使用 **Load Study** 📂 將參數研究專案載入，如圖 9-18 所示。

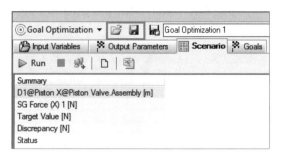

◉ 圖 9-18　執行研究

STEP 17　查看結果 (1)

下面的訊息表明最佳化程序結束：Solution converged "計算已收斂"。

關閉這個訊息並查看最佳化結果。

當所有研究都計算完成後，結果（Design Point）都呈現在 **Scenario** 頁籤中，而且最後一個 Design Point 的 SOLIDWORKS 模型組態處於使用狀態，對應的結果也已載入進來了。

在本專案中，使用者可以觀察到一共進行了 3 次迭代並獲得了一個最佳化結果，如圖 9-19 所示。

Summary	Design Point 1	Design Point 2	Design Point 3
D1@Piston X@Piston Valve.Assembly [m]	0.006	0.003	0.00487572252
SG Force (X) 1 [N]	2.0091152	0.650602177	1.36216519
Target Value [N]	1.5	1.5	1.5
Discrepancy [N]	0.509115197	-0.849397823	-0.13783481
SG Force (X) 1 [N]	2.0091152	0.650602177	1.36216519
Status	Finished	Finished	Finished

◉ 圖 9-19　最佳化結果

當活塞上的力到達 1.36N 時（只有活塞的四分之一部份），活塞的最佳化位置位於 4.9mm。

如圖 9-20 所示，專案設定儲存在 Flow Simulation 分析樹中。

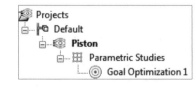

◉ 圖 9-20　專案設定

STEP **18** 載入結果

按滑鼠右鍵點選收斂的 Design Point（這裡對應 Design Point3），然後選擇 **Create Project**，如圖 9-21 所示。

◉ 圖 9-21 建立專案

將會彈出以下訊息：

"**Creating project can change geometry in all configurations in accordance with the Design Point temporarily in the current session. Do you want to create new project and change the geometry?**"

（"建立專案可能會根據目前暫存的 **Design Point** 來更改所有模型組態中的幾何形狀。是否要建立新專案並更改模型幾何？"）

點選 **Yes**。

一個新的 Project name 為 Design Point 3 的模型組態會被建立，而且處於使用狀態，如圖 9-22 所示。

在新的專案 Design Point3 中，按滑鼠右鍵點選 Results 資料夾並選擇 Load，正確的結果會被載入進來。

> 提示　當然，也可以透過按滑鼠右鍵點選初始專案下方的 Results，選擇 **Load from file** 來取得所有參數研究結果。然後瀏覽到本章資料夾下對應專案 Piston，參數研究帶有最高數字的子資料夾。

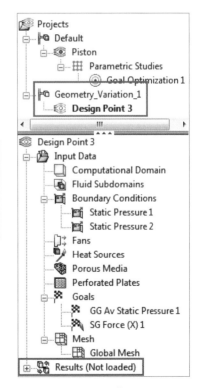

◉ 圖 9-22 載入結果

STEP **19** 查看截面繪圖

按滑鼠右鍵點選 Flow Simulation 分析樹中結果下方的 **Cut Plot**，選擇 **Insert**。點選
Contours 和 **Vectors**。

從 SOLIDWORKS FeatureManager 設計樹中選擇 Plane 1（不是 PLANE1）作為參考。

選擇 **Velocity** 並點選 **OK**，顯示這個結果繪圖，如圖 9-23 所示。

活塞最佳化位置出現的最大速度大約為 19m/s。

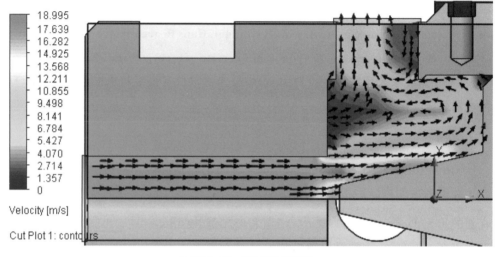

● 圖 9-23　速度截面繪圖

STEP **20** 查看表面參數

按滑鼠右鍵點選 **Results** 中的 **Surface Parameters**，選擇 **Insert**。在 SOLIDWORKS
Flow Simulation 分析樹中點選目標 SG Force(X)1，會選擇活塞的四個表面。

從 **Parameter** 選項視窗中選擇 **All**，點選 **Show**，如圖 9-24 所示。

Integral Parameter	Value	X-component	Y-component	Z-component	Surface Area [m^2]
Heat Transfer Rate [W]	0				2.3417e-05
Normal Force [N]	1.612	1.428	-0.525	-0.532	2.3417e-05
Friction Force [N]	0.006	0.005	0.002	0.002	2.3417e-05
Force [N]	1.615	1.433	-0.523	-0.530	2.3417e-05
Torque [N*m]	0.004	5.362e-08	0.003	-0.003	2.3417e-05
Surface Area [m^2]	2.3417e-05	-1.5193e-05	7.4309e-06	7.4309e-06	2.3417e-05
Torque of Normal Force [N*m]	0.004	5.994e-07	0.003	-0.003	2.3417e-05
Torque of Friction Force [N*m]	2.200e-06	-5.458e-07	1.798e-06	-1.143e-06	2.3417e-05
Heat Transfer Rate (Convective) [W]	0				2.3417e-05
Uniformity Index [ ]	1.0000000				2.3417e-05
Area (Fluid) [m^2]	2.3658e-05				2.3658e-05

● 圖 9-24　查看表面參數

注意到力的大小接近目標值 1.6N，而且位於 1.2~1.8N 的收斂準則區間。點選 **OK** 關閉 **Surface Parameters** 的 PropertyManager。

STEP **21** 定義目標圖

在 SOLIDWORKS Flow Simulation 分析樹的 Results 下方，按滑鼠右鍵點選 Goal Plots 並選擇 **Insert**。

勾選 **SG Force(X)1** 核選框，點選 **Export to Excel**。一個 Microsoft Excel 文件將自動開啟，並顯示此目標的相關訊息。

點選底部的 **SG Force(X)1** 頁籤，將顯示一個圖表，顯示最佳化結果是如何達到的。

9.5 第二部分：假設分析

在本章的第二部分，將定義"假設分析"類型的參數研究。該類型分析允許使用者對所選結果分析各種輸入參數的影響。

這個部分研究的目標是確定在活塞力作用下的輸入壓力及閥門位置。

STEP **22** 新建專案

按滑鼠右鍵點選參數研究資料夾（位於頂層專案樹 Default 模型組態下方的研究 Piston）並選擇 **New**，如圖 9-25 所示。

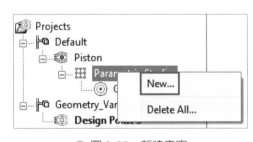

◉ 圖 9-25　新建專案

STEP **23** 設定參數研究 (2)

在 **Input variables** 頁籤中，設定最佳化為 **What If Analysis** 模式，如圖 9-26 所示。

提示　在 **What If Analysis** 模式中，多個變數參數都可以發生改變。

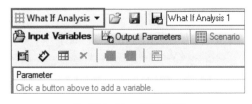

◉ 圖 9-26　假設分析

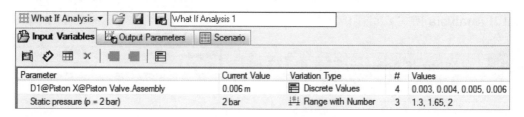
STEP 24 指定第一個輸入變數

按照 STEP 10 和 STEP 11 的方法，點選控制活塞位置的結合條件尺寸，Piston X，作為第一個輸入變數參數。

選擇 **Discrete Values** ▤，輸入下面的數值：0.003m、0.004m、0.005m 和 0.006m，點選 **OK**。

STEP 25 指定第二個輸入變數

第二個輸入變數將會改變輸入壓力，點選 **Add Simulation Parameter** 📖，在 **Add Parameter** 視窗，展開邊界條件和 p = 2bars 資料夾，如圖 9-27 所示。

選擇 **Static Pressure** 後點選 **OK**。

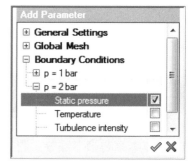

◉ 圖 9-27　新增變數

選擇靜壓參數，點選 **Edit Variation** ▤，在輸入類型中選擇 **Range with Number** ⤓，在最小值和最大值中分別輸入 1.3bar 和 2bar。參數計算數目的值設為 3，如圖 9-28 所示。

點選 **OK**，關閉 **Range with Number** 視窗。

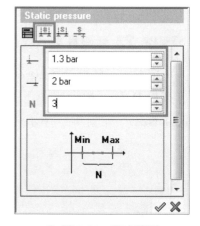

◉ 圖 9-28　數字範圍

Input variables 頁籤中定義了兩個輸入變數，如圖 9-29 所示。

Parameter	Current Value	Variation Type	#	Values
D1@Piston X@Piston Valve.Assembly	0.006 m	▤ Discrete Values	4	0.003, 0.004, 0.005, 0.006
Static pressure (p = 2 bar)	2 bar	⤓ Range with Number	3	1.3, 1.65, 2

◉ 圖 9-29　第二個輸入變數

提示 和 **Goal Optimization** 方法相反，**What If Analysis** 並不包含目標準則。在 **What If Analysis** 最佳化模式下，它會從輸出變數中各種可能出現的分析變化趨勢中求解一系列的結果數值。

STEP 26 指定輸出變數 (2)

在 **Output Variable** 頁籤中，點選 **Add Goal**，如圖 9-30 所示。

在 **Add Goal** 視窗中，勾選 SG Force(X)1 旁邊的核選框，如圖 9-31 所示。

點選 **OK**，關閉 **Add Goal** 視窗。

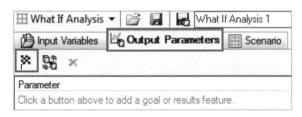

◉ 圖 9-30　新增目標

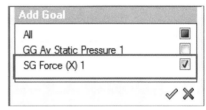

◉ 圖 9-31　指定目標

STEP 27 Design Point

點選 **Scenario** 頁籤，查看 12 個 Design Point 變數的組合，每個 Design Point 都將計算出結果。當然，如果你的電腦能夠提供足夠的計算能力，可以透過設定 Maximum simultaneous runs 數為 2 來加快求解，如圖 9-32 所示。

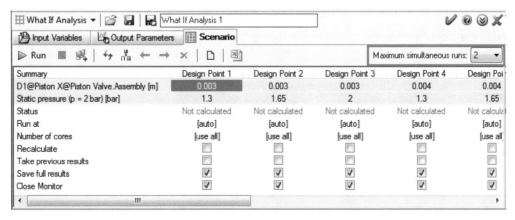

◉ 圖 9-32　查看 Design Point

> 提示 ▸ 點選 **Add Design Point** 🏠 可以新增額外的設計點，或透過按滑鼠右鍵點選相
> 應的列來刪除，選擇 **Delete Design Point**。

STEP▸ 28 執行研究 (2)

查看所有 Design Point 並點選 **Run**。

STEP▸ 29 查看結果 (2)

對所有完成的 Design Point 查看結果，如圖 9-33 所示。

Summary	Design Point 1	Design Point 2	Design Point 3	Design Point 4	Design Point 5
D1@Piston X@Piston Valve.Assembly [m]	0.003	0.003	0.003	0.004	0.004
Static pressure (Static Pressure 1) [bar]	1.3	1.65	2	1.3	1.65
SG Force (X) 1 [N]	0.174492163	0.405070465	0.644983618	0.298516517	0.674988858
Status	Finished	Finished	Finished	Finished	Finished
Run at	This computer	This computer	This computer	This computer	This computer
Number of cores	8	8	8	8	8
Recalculate	☐	☐	☐	☐	☐
Take previous results	☐	☐	☐	☐	☐
Save full results	☑	☑	☑	☑	☑
Close Monitor	☑	☑	☑	☑	☑

Maximum simultaneous runs: 1

◉ 圖 9-33 Design Point 結果

在兩個輸入變數範圍內變化的活塞力的極值為 0.69N 和 7.79N（完整活塞下）。這些極值出現在 Design Point1 和 Design Point12，一般而言，它們可能出現在任何一個被考慮的 Design Point。

點選 **OK**，關閉假設分析視窗。

> 提示 ▸ 每個 Design Point 的結果都關聯在儲存的 Flow Simulation 專案中。使用者可以
> 啟動任何一個專案，載入結果並進行分析。

9.6 第三部分：多參數最佳化

在本章的第三部分，將定義"實驗設計和最佳化"類型的參數研究。這可以讓我們使用多個輸入參數來最佳化設計。

這個部分研究的目標是為了確定活塞的最佳位置。

STEP 30 新建參數研究

按滑鼠右鍵點選參數研究資料夾（在於頂層專案 Default 模型組態下方的研究 Piston），選擇 **New**。

STEP 31 設定參數研究 (3)

在 **Input variables** 頁籤中，設定最佳化為 **Design of Experiments and Optimization** 模式，如圖 9-34 所示。

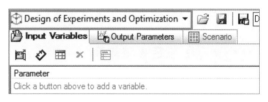

◉ 圖 9-34 實驗設計和最佳化

STEP 32 指定第一個輸入變數 (2)

按照 STEP 10 和 STEP 11 的方法，點選控制活塞位置的結合條件尺寸，Piston X，作為第一個輸入變數的參數。定義變數範圍從 0.003m 到 0.006m，如圖 9-35 所示。

點選 **OK**。

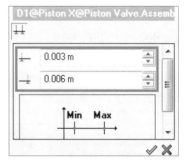

◉ 圖 9-35 第一變數範圍

STEP> 33 指定第二個輸入變數 (2)

按照 STEP 25，對入口壓力新增第二個輸入變數。

選擇靜壓參數，點選 **Edit Variation** 目，在輸入類型中選擇 **Range with Number** 山，定義變數的變化範圍為 1.3bar 到 2bar，如圖 9-36 所示。

點選 **OK**。

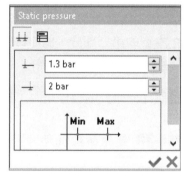

◉ 圖 9-36　第二變數範圍

STEP> 34 指定輸出參數

按照 STEP 26，定義輸出變數。

STEP> 35 設定實驗數量

點選 **Scenario** 頁籤，保持 **Number of experiments** 為預設的 10，如圖 9-37 所示。然而，一般來說，更多的實驗數量會帶來更準確的最佳化結果。

點選 **Create**，將自動建立好 10 個實驗（Design Point），如圖 9-38 所示。

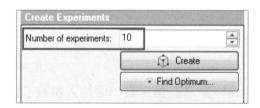

◉ 圖 9-37　實驗數量

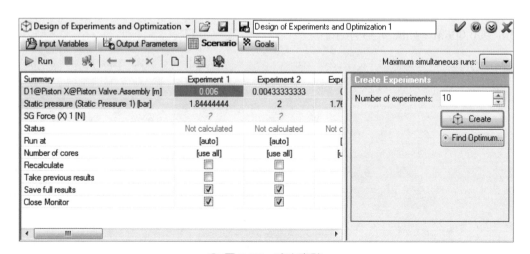

◉ 圖 9-38　建立實驗

STEP **36** 執行最佳化專案

查看所有實驗（Design Point）並點選 **Run**。

STEP **37** 查找最小值

點選 **Find Optimum**，如圖 9-39 所示。

為了找到最小的活塞力，保持 **Objective Function** 為 **Minimize**，**Equation** 對應 "SG Force(X)1"，如圖 9-40 所示。

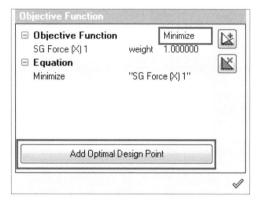

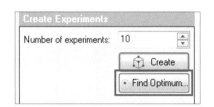

⊙ 圖 9-39　查找最佳解　　　　　　　⊙ 圖 9-40　設定目標函數

> 提示
> **Equation** 區域包含在 **Output Variable** 頁籤（STEP 34）中定義的目標總和，在 **Objective Function** 中分別指定了不同的權重。在這個最佳化專案中，我們只有一個輸出參數（力目標），因此它的權重保持為預設的 1。

點選 **Add Optimal Design Point**。

對應輸出參數最小化的最佳點將被新增到實驗列表中，如圖 9-41 所示。

Summary	Optimum 1	Experiment 2	Experim
D1@Piston X@Piston Valve.Assembly [m]	0.003	0.006	0.00433
Static pressure (Inlet p=2bars) [bar]	1.3	1.84444444	2
SG Force (X) 1 [N]	0.0328510139	1.62939832	1.216(
Status	Not calculated	Finished	Finis
Run at	[auto]	This computer	This co
Number of cores	[use all]	8	8
Recalculate	☐	☐	☐
Take previous results	☐	☐	☐
Save full results	☑	☑	☑
Close Monitor	☑	☑	☑

⊙ 圖 9-41　新增最佳 Design Point

在這個案例中，不出所料的是，活塞力最小的地方發生在兩個輸入變數都在各自最小處，即 0.003m 和 1.3bar。一般來說，像這樣的情況並不需要這樣做，最小值有可能也發生在反應曲面的另一個位置。

STEP 38 查找最大值

為了查找活塞力的最大值，將 **Objective Function** 更改為**最大化**，如圖 9-42 所示。

點選 **Add Optimal Design Point**。

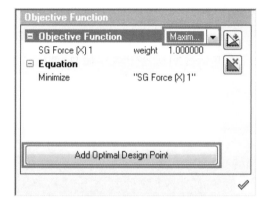

◉ 圖 9-42　最大化設定

對應輸出參數最大化的最佳點將被新增到實驗列表中，如圖 9-43 所示。

Summary	Optimum 1	Optimum 2	Experiment 3	Experimen
D1@Piston X@Piston Valve.Assembly [m]	0.006	0.003	0.006	0.0043333
Static pressure (Inlet p=2bars) [bar]	2	1.3	1.84444444	2
SG Force (X) 1	D1@Piston X@Piston Valve.Assembly [m] _0.0328510139_	_1.62939832_	_1.216005_
Status	Not calculated	Not calculated	Finished	Finishe
Run at	[auto]	[auto]	This computer	This comp
Number of cores	[use all]	[use all]	8	8
Recalculate	☐	☐	☐	☐
Take previous results	☐	☐	☐	☐
Save full results	☑	☑	☑	☑
Close Monitor	☑	☑	☑	☑

◉ 圖 9-43　新增最佳 Design Point

和活塞力最小的情況類似，最大的力發生在輸入變數的極限處，分別對應 0.006m 和 2bar。

STEP **39** 查找特定值

為了找到對應活塞力的 1.5N 的輸入變數組合，將 **Objective Function** 更改為 **Target**，更改 SG Force(X)1 的 **Target** 為 1.5，如圖 9-44 所示。

點選 **Add Optimal Design Point**。

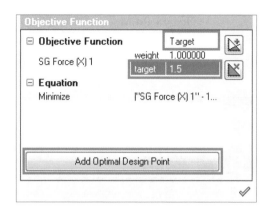

◉ 圖 9-44　目標設定

對應活塞力等於 1.5N 的最佳點將被新增到實驗列表中，如圖 9-45 所示。

Summary	Optimum 1	Optimum 2	Optimum 3	Experiment
D1@Piston X@Piston Valve.Assembly [m]	0.00569218379	0.006	0.003	0.006
Static pressure (Inlet p=2bars) [bar]	1.86125458	2	1.3	1.8444444
SG Force (X) 1 [N]	1.5	1.80939316	0.0328510139	1.6293983
Status	Not calculated	Not calculated	Not calculated	Finished
Run at	[auto]	[auto]	[auto]	This compu
Number of cores	[use all]	[use all]	[use all]	8
Recalculate	☐	☐	☐	☐
Take previous results	☐	☐	☐	☐
Save full results	☑	☑	☑	☑
Close Monitor	☑	☑	☑	☑

◉ 圖 9-45　新增最佳 Design Point

1.5N 的活塞力發生時，活塞位於 5.7mm，對應的入口壓力為 1.86bar。這個結果非常接近從 Goal Optimization 專案（STEP 17）中得到的結果。在之前得到的結果中，活塞位於一個較低的位置，即 4.9mm，產生力的值也較小，即 1.36N，但仍然在那個參數研究的範圍之內。

提示　目標最佳化專案是將入口壓力固定在 2bar 的數值，而實驗設計和最佳化專案是壓力在 1.3bar 到 2bar 之間變化。因此上面討論的這兩個專案並不是模擬的同一個問題。

點選 **OK**，關閉參數研究視窗。

> 提示　每個最佳 Design Point（見 STEP 18）都可以建立專案。然而，由於最佳 Design Point 來自對反應曲面的分析，如果要查看這些最佳點的結果，必須先求解這些專案。

STEP 40 關閉組合件

9.7　總結

　　本章學習了如何使用參數研究特徵來進行最佳化。參數研究可以定義為三種模式：目標最佳化、假設分析、實驗設計和最佳化。

1. **目標最佳化（單個變數的設計方案）**：當計算值不在輸出變數設計範圍內，或當滿足最大迭代數量時，SOLIDWORKS Flow Simulation 使用調整的輸入變數來計算問題。

2. **假設分析（多個變數設計方案）**：參數研究允許使用者定義多個輸入變數及其範圍。然後，在每個輸入變數的組合下，Flow Simulation 都將計算一系列的結果值。在這種方式下，使用者可以研究這些結果值所對應的趨勢。

3. **實驗設計和最佳化（多變數最佳化）**：允許使用者定義多個變數和目標。參數研究接下來會計算一系列實驗（Design Point）形成一個反應曲面。然後從這個反應曲面可以獲得一個要求的最佳 Design Point（最小值、最大值或一個特定值）。

　　輸入參數可以包含輸入變數（常規設定、網格設定、邊界條件）、模型尺寸和設計表參數。輸出變數可以是任何已經定義好的專案目標。

　　對所有計算的專案都將儲存結果，然後可以使用該專案並進行後處理。

練習 9-1 幾何相關的變數求解

在本練習中，需要分析一個安全閥裝置，如圖 9-46 所示。該模型特徵與流動結果和閥體位置的相關性。本練習將應用以下技術：

* 參數研究。

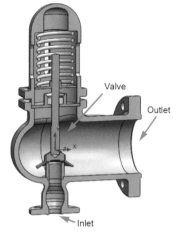

◎ 圖 9-46 安全閥

◆ 專案描述

圖中顯示的安全閥突出了一個加壓彈簧活塞。為了開啟閥門，需要將活塞上移，以確保流場的流動。考慮到質量流率為 1kg/s，這個入口流量足夠可以開啟閥體。為了正確地求解此問題，使用者需要使用參數研究並建立合適的網格，特別是在活塞附近。

在完全關閉的位置，彈簧被壓縮 3mm，如圖 9-47 所示。活塞最大限度開啟時為 30mm。

彈簧產生的力可以使用下面的非線性方程式表達

$F= 7708.2 \times (compression)^2 + 2$

活塞的正確位置大致位於零件 Sitz_SV 上方 7~16mm 處。

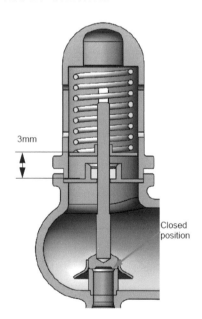

◎ 圖 9-47 活塞位置

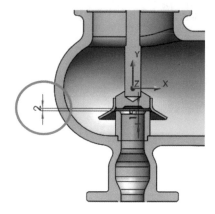

> **提示** 如圖 9-48 所示,顯示了控制活塞位置的尺寸(在圖中,活塞開啟了 2mm)。

◉ 圖 9-48　控制尺寸

⬡ 邊界條件

水的入口質量流率為 1kg/s,出口指定環境壓力的邊界條件。對閥門裝置產生網格並求解流動模擬,並找到開啟閥體的正確位置。

從 Lesson09\Exercises 資料夾中開啟組合件檔案 "Safety valve"。

> **提示** 使用局部網格,在閥體附近產生最佳的網路。

10

自由液面

 順利完成本章課程後，您將學會：

- 熟悉自由液面問題

- 對自由液面模型定義正確的邊界條件

- 顯示自由液面結果

10.1 案例分析：水箱

本章將學習水的自由流動。首先介紹自由液面的流動類型，然後使用截面繪圖進行後處理。

10.2 專案描述

在本章中，我們將分析部分裝滿的運輸卡車水箱中的水。由於卡車加速、剎車或轉彎，水箱可能會受到由水的運動產生的顯著力。通常，還希望限制罐內液體的突然運動。為了消散流動液體的能量，在罐內放置了各種穿孔屏障。這些障礙不是本章模擬的一部分。為了模擬卡車的加速度和罐壁上水體的相應載荷，我們將初始速度分配給水體。這種情況會在水中產生類似波浪的作用，當它到達水箱的後壁時會來回彈跳。網格控制將用於確保結果的質量，如圖 10-1 所示。

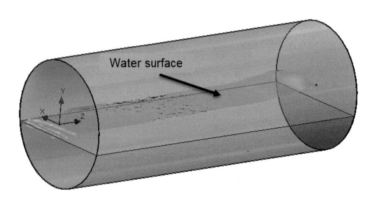

⊙ 圖 10-1 初始狀態

10.3 自由液面概述

Flow Simulation 可以透過自由液面來模擬兩個無法互相混合的流體。在二者都為液體的情況下，如果它們彼此之間完全無法混合，我們稱之為不互溶流體。自由液面就是不互溶流體之間的一個分界面，例如，在一種液體和一種氣體之間存在這樣的分界面。在這個模擬中，我們需要考慮水和空氣之間的自由液面。

然而，在不互溶流體分界面上，我們目前不考慮任何相變化（如濕度、結露、氣蝕）、旋轉、表面張力和附面層。

10.3.1 流體體積（VOF）

在 Flow Simulation 中，透過求解一組動量方程式並追蹤整個域中每個流體的體積分量，使用流體體積（VOF）法來計算自由液面。

VOF 法是根據流體體積分量的假設，分量的值必須在 0 和 1 之間。在一個兩相系統中，充滿液體的網格元素的流體體積分量為 1，而充滿氣體的網格元素的流體體積分量為 0。自由液面上的流體體積分量則在 0 和 1 之間變化。

操作步驟

STEP 1 開啟零件檔案

從 Lesson10\Case Study 資料夾中開啟檔案 "Tank"。

STEP 2 新建專案

使用 **Wizard**，參照表 10-1 新建一個專案。

表 10-1 專案設定

Configuration name	使用當前："Full"
Project name	"Partially filled"
Unit system	SI(m-kg-s)
Analysis Type Physical Features	Internal 選擇 **Time-dependent**。在 **Total analysis time** 中輸入 5s。保留 **Output Time step** 為預設的 0s。我們將在稍後設定這個數值。勾選 **Gravity** 核選框。在這個分析中，重力的方向是 Y 方向分量，對應的數值為 -9.81m/s^2 選擇 **Free Surface**
Database of Fluid	在 **Gas** 列表中點兩下 **Air** 在 **Liquids** 列表中點兩下 **Water** 確認在 **Default Fluid Immiscible Mixture** 中二者都被選中
Wall conditions	Default
Initial conditions	確認選中了 **Pressure Potential**，在 **Concentrations** 下指定了 **Air**（預設模型的初始流體為空氣） 在 **Turbulence Parameters** 中，將 **Turbulence Intensity** 和 **Turbulence length** 分別設定為 2% 和 0.0027m 其餘設定都保留預設值 點選 **Finish**

STEP 3 定義流動對稱條件和計算域的大小

為簡化計算，對稱分析將被使用。編輯計算域，設置 **X min** 為 0m，並設定為 **Symmetry**，點選 **OK**，如圖 10-2 所示。

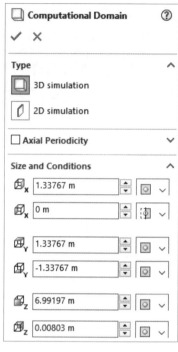

● 圖 10-2　設定計算域

STEP 4 設定初始整體網格

按滑鼠右鍵點選 **Global Mesh**，並選擇 **Edit Definition**。

在 **Type** 中維持 **Automatic**。設置 **Level of Initial mesh** 為 4。點選 **OK**。

STEP 5 設定初始局部網格

Insert Local Mesh 在 Water body part 的頂面。

在 **Refining Cells** 下，設置 **Level of Refining Fluid Cells** 為 3，**Level of Refining Cells at Fluid/Solid Boundary** 為 4，如圖 10-3 所示。保持其他為預設值。點選 **OK**。

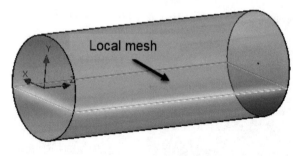

● 圖 10-3　設定局部網格

STEP 6 入口和出口邊界條件

　　儘管容器沒有出入口讓水可以進出計算域，但在 Flow Simulation 中為了求解需要，仍需定義邊界條件。因此我們將必須定義非常小的入口和出口。在罐體前後兩側面上定義兩個環境壓力開口，如圖 10-4。

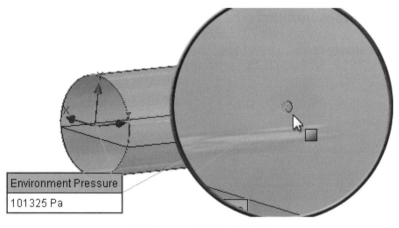

Environment Pressure
101325 Pa

⊙ 圖 10-4　設定環境壓力

> 提示
>
> 兩個壓力開口很小，而且與外界相等壓力。對解決方案的影響可以忽略不計。

指令TIPS　**Initial Condition（初始狀態）**

此案例的整體初始條件是使用專案 wizard 建立。如果初始條件需要作局部調整，可在 Input Data 下設定。

操作方法

- 從 Flow Simulation 工具列中，選擇 **Conditions** 選單，選擇 **Initial Condition**。
- 在 Flow Simulation 分析樹中，按滑鼠右鍵點選 **Initial Condition** 並選擇 **Insert Initial Condition**。
- **Tools → Flow Simulation → Insert → Initial Condition** 。

STEP 7 初始狀態

　　按滑鼠右鍵點選專案 Partially filled，在 **Customize Tree** 選項中新增 **Initial Conditions** 特徵。

按滑鼠右鍵點選 **Initial Conditions**，點選 **Insert Initial Conditions**。

在 **Selection** 下，**Components** 選擇 Water body 零件。

確保 **Disable solid components** 有勾選。

在 **Substance Concentrations** 下方，選擇 **Water**。

在 **Flow Parameters** 下方，Velocity in Z Direction 中輸入 0.5 m/s。

保持其他為預設值，點選 **OK**，如圖 10-5 所示。

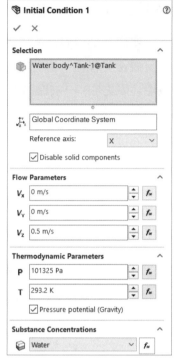

◉ 圖 10-5 設定初始條件

STEP **8** 設定細化參數

在 SOLIDWORKS Flow Simulation 分析樹中，按滑鼠右鍵點選 **Input Data** 並選擇 **Calculation Control Options**。

點選 **Refinement**，設定 **Local Mesh 1** 為 level = 2。

Refinement Settings 下，在 **Approximate maximum cells** 輸入 1,000,000。

指令**TIPS** **Transient Explorer** 🔍

將模擬研究指定為暫態分析後，**Transient Explorer** 可將暫態結果與時間相關連並產生動畫。

操作方法

• 按滑鼠右鍵點選 **Input Data**，並點選 **Calculation Control Options** 啟動 **Transient Explorer**。

點選 **Saving** 頁籤，在 **Selected Parameters** 選項中選擇 **Periodic**。

預設值設定 **Start** 為 0，代表 **Transient Explorer** 將保存第一次迭代的結果。

預設值設定 **Period** 為 1，代表 **Transient Explorer** 將保存每次迭代的結果。

增加 **Period** 值可以減少被保存數據點的數量。

Parameters 選擇要用於動畫結果圖的參數，如圖 10-6 所示。

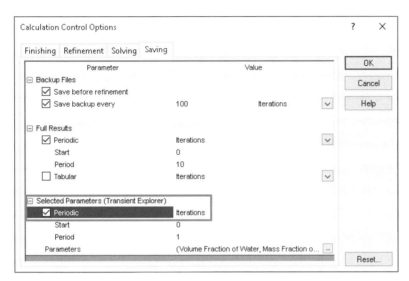

◉ 圖 10-6　計算控制選項 (1)

指令TIPS　**Transient Explorer 動畫結果**

操作方法

* 從 Flow Simulation 工具列中，點選 **Solve**，選擇 **Calculation Control Options** → **Saving**。
* 在 Flow Simulation 分析樹中，按滑鼠右鍵點選 **Input Data**，點選 **Calculation Control Options**，點選 **Saving**。
* **Tools** → **Flow Simulation** → **Calculation Control Options** → **Saving** 。

STEP 9　設定儲存選項

在 **Calculation Control Options** 視窗，點選 **Saving** 頁籤。

在 Full Results 下方，勾選 **Periodic** 核選框。保留 Iterations。

保留 **Start** 值為 0 和 **Period** 值為 10（將保存每 10 次迭代的結果）。

在 Selected Parameters(Transient Explorer) 下方，勾選 **Periodic** 核選框。**Iterations** 下方 **Values** 將被設置為預設值。

保留 **Start** 值為 0 和 **Period** 值為 1（即所有迭代的結果都將儲存）。

展開 **Parameter** 列表。在 **Main** 下，勾選下面的參數：**Volume Fraction of Water**、**Mass Fraction of Water**、**Velocity** 和 **Pressure**。

點選 **OK**，如圖 10-7 所示。

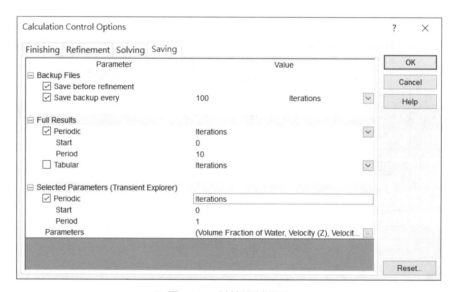

● 圖 10-7　計算控制選項 (2)

STEP 10　執行專案

研究在大約 5 分鐘內完成。

STEP 11　載入結果

計算結果將自動載入。如果沒有，請按滑鼠右鍵點選 **Results** 資料夾，然後選擇 **Load**。

STEP 12　Volume Fraction of Water（水的體積分率）的動畫

在截面圖仍開啟時，按滑鼠右鍵點選 **Results** 資料夾並點選 **Transient Explorer**。

將滑鼠移到時間軸上，然後點選 **Play**，如圖 10-8 所示

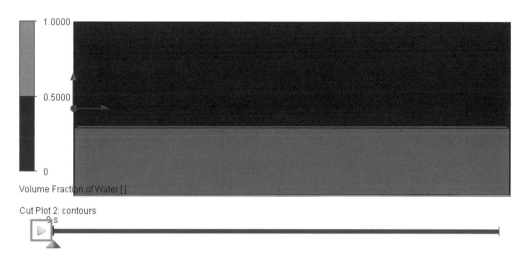

● 圖 10-8　體積分率截面動畫

動畫將開始播放。按滑鼠右鍵點選 **Results** 資料夾,並點選 **Transient Explorer** 可停止動畫。

STEP **13** 隱藏截面圖

隱藏先前 **Volume Fraction of Water** 截面圖 **Cut Plot 1**。

STEP **14** 建立水面的等值面

按滑鼠右鍵點選 **Isosurfaces**,點選 **Insert**。在 **Parameters** 下方選擇 **Volume Fraction of Water**,在 **Definition** 下方保留 **One by One**。在 **Value 1** 下方輸入 0.5。在 **Appearance** 下,**Color by** 選擇 **Fixed Color**,並設置 **Plot Transparency** 為 0.4。點選 **Color**,選擇任何合適的水的顏色。點選 **OK**,如圖 10-9 所示。

● 圖 10-9　等值面繪圖

STEP 15 設定水面等值面動畫

按滑鼠右鍵點選 **Isosurfaces 1** 並點選 **Animation**，如圖 10-10 所示。

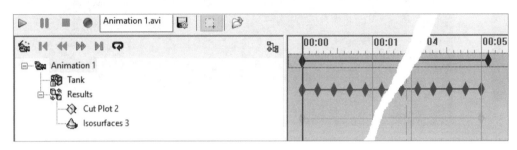

◉ 圖 10-10　設定等值面動畫

依照第四章 STEP 16 跟 STEP 22 建立運動的暫態水面動畫，如圖 10-11 所示。

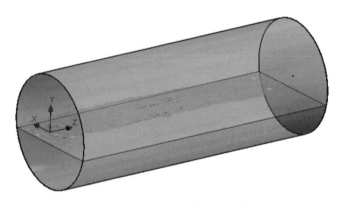

◉ 圖 10-11　水面等值面動畫

10.4 總結

　　在本章中，我們使用自由液面選項來求解安裝在運輸卡車上的部分裝滿水箱中的水運動。隨著卡車加速、減速和轉彎，箱壁可能會受到很大的力。在本章中，我們透過將初始速度條件應用於水體來模擬卡車的加速度。

　　運用 Transient Explorer 製作水體積分率的截面動畫圖。等值面用於繪製水體表面及動畫。

練習 10-1 模擬噴射水流

在這個練習中，我們將執行一個液體（水）傾斜射出的自由液面分析。本練習將應用以下技術：

- 自由液面。
- 介紹：工程目標。

◆ 專案描述

模擬二維噴水器以 4m/s 的速度，沿著與水平面成 60^0 夾角的方向噴水。這個練習的目的是捕捉噴射水流的軌跡，並和理論結果進行比對。這個問題將以二維外流場進行求解，其中包含伸入計算域的噴頭，如圖 10-12 所示。

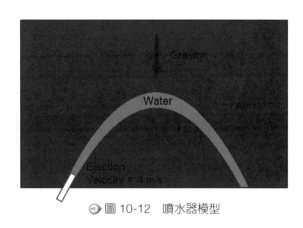

◉ 圖 10-12 噴水器模型

操作步驟

STEP 1 開啟零件檔案

從 Lesson10\Exercises 資料夾中開啟檔案 "2D FJet"。

STEP 2 新建專案

使用 **Wizard**，按表 10-2 的屬性新建一個專案。

表 10-2 專案設定

Configuration name	使用當前："Default"
Project name	"Jet"
Unit system	SI(m-kg-s)
Analysis Type Physical Features	External 選擇 **Time-dependent**。在 **Total analysis time** 中輸入 10s。 勾選 **Gravity** 核選框。在這個分析中，正確的方向是 Y 方向分量，對應的數值為 $-9.81m/s^2$ 選擇 **Free Surface**

Database of Fluid	在 **Gas** 列表中點兩下 **Air** 在 **Liquids** 列表中點兩下 **Water** 確認在 **Default Fluid Immiscible Mixture** 中二者都被選中
Wall conditions	Default
Initial conditions	確認選中了 **Pressure Potential** 和 **Refer to the origin** 兩個選項， 在 **Concentrations** 下指定了 **Air** 在 **Turbulence Parameters** 中，將 **Turbulence Intensity** 和 **Turbulence length** 分別設定為 2% 和 0.0002m 其餘設定都保留預設值 點選 **Finish**

STEP 3 定義流動對稱條件和域的大小

編輯計算域，在 **Type** 選項視窗中點選 **2D Simulation**，選擇 **XY Plane**。

在計算域的 **Size and Conditions** 選項視窗中，輸入表 10-3 中對應的尺寸。

表 10-3 對稱條件和域的大小

Size	meters
X_{max}	1.8
X_{min}	- 0.5
Y_{max}	1.3
Y_{min}	- 0.1
Z_{max}	0.002
Z_{min}	- 0.002

STEP 4 設定初始整體網格

按滑鼠右鍵點選 **Global Mesh** 並選擇 **Edit Definition**，選擇 **Manual** 設定。

在 **Basic Mesh** 選項視窗中，輸入下列網格數：

X 方向網格數：124。

Y 方向網格數：67。

確認 **Keep Aspect Ratio** 被選中。

其他所有網格設定都不做改變。確認 **Channels**、**Advanced Refinement**、**Close thin Slots**、**Display Refinement Level** 都未被選中。

點選 **OK**。

STEP **5**　定義局部網格控制

按滑鼠右鍵點選網格並選擇 **Insert Local Mesh**。

在 **Selection** 下方，選擇噴嘴的出口面，如圖 10-13 所示。

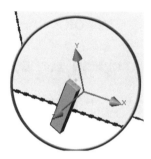

展開 **Refining Cells**，將 **Level of Refining Fluid Cells** 和 **Level of Refining Cells at Fluid/Solid Boundary** 都設定為 2。點選 **OK**。

其他所有局部網格設定都不做改變。確認 **Equidistant Refinement**、**Channels**、**Advanced Refinement**、**Close thin Slots** 和 **Display Refinement Level** 都未被選中，點選 **OK**。

◉ 圖 10-13　選擇出口圖

STEP **6**　入口邊界條件

我們在上一步中已經定義了局部網格控制，現在對同一個出口面定義 **Inlet Velocity**。

在 **Normal to Face** 的方向輸入 4m/s，在物質濃度下方選擇 **Water**，點選 **OK**。

STEP **7**　定義 Global Goal

對 **Static Pressure**、**Temperature (Fluid)**、**Velocity**、**Velocity (X)** 和 **Velocity(Y)** 定義 **Min** 和 **Max** 的目標。為 **Turbulent Viscosity** 定義 **Av.** 和 **Min** 的目標，為 **Mass of Water** 定義 **Max** 的目標。

STEP **8**　設定計算時間步階

在 SOLIDWORKS Flow Simulation 分析樹中，按滑鼠右鍵點選 Input Data 並選擇 **Calculation Control Options**。點選 **Solving** 頁籤。在 **Time Step Settings** 下方，將 **Time Step** 選項更改為 **Manual**，輸入 0.02s。

STEP **9**　設定儲存選項

仍然在 **Calculation Control Options** 視窗，點選 **Saving** 頁籤。

在 **Selected Parameters**（**Transient Explorer**）下方，勾選 **Periodic** 選項。**Values** 下方的 **Iterations** 將自動設定預設值。

保留 **Periodic** 下的 **Start** 值為 0，**Period** 為 1（即所有迭代結果都將儲存）。

展開 **Parameter** 列表。在 **Main** 資料夾下，勾選下面的參數：**Volume Fraction of Water**、**Mass Fraction of Water**、**Velocity** 和 **Static Pressure**。

點選 **OK**。

STEP▶ 10 執行專案

專案將在幾分鐘內完成。

STEP▶ 11 載入結果

計算結果將自動載入。如果沒有，請按滑鼠右鍵點選 **Results** 資料夾，然後選擇 **Load**。

STEP▶ 12 產生水的體積分率截面繪圖

按滑鼠右鍵點選 **Cut Plot**，選擇 **Insert**，選擇 **Volume Fraction of Water**。使用 Front plane 為切面參考。將 **Number of Levels** 的值減小到 3。點選 **OK**，顯示該截面繪圖，如圖 10-14 所示。

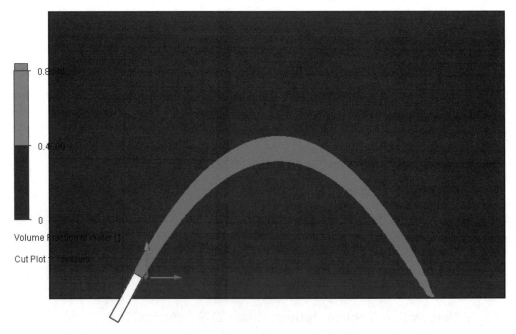

◎ 圖 10-14　水的體積分率截面繪圖

截面繪圖中的藍色區域表示空氣，紅色區域代表水。

STEP **13** 動畫顯示水的體積分率截面繪圖

在截面繪圖開啟的狀態下，按滑鼠右鍵點選 **Results** 資料夾，選擇 **Transient Explorer**。將滑鼠移至時間軸上方，點選 **Play**。

STEP **14** 在垂直平面建立 XY 圖

按滑鼠右鍵點選 **XY Plot**，然後點選 **Insert**。在 **Selection** 中使用 Sketch8，選擇 **Volume Fraction of Water** 作為 **Parameter**。將結果輸出到 Excel，如圖 10-15 所示。

將滑鼠移到峰值位置，可以看到射出最高點大約在 0.611m 的位置。這與理論值 0.612 非常相近。

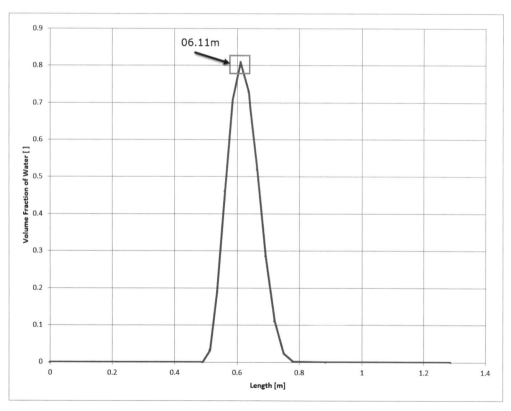

● 圖 10-15　垂直平面 XY 圖

STEP 15 在水平平面建立 XY 圖

按滑鼠右鍵點選 **XY Plot**,然後點選 **Insert**。在 **Selection** 中使用 Sketch4,選擇 **Volume Fraction of Water** 作為 **Parameter**。將結果輸出到 Excel,如圖 10-16 所示。

將滑鼠移到峰值位置,可以看到射出的寬度大約為 1.426m。這與理論值 1.424m 非常相近。

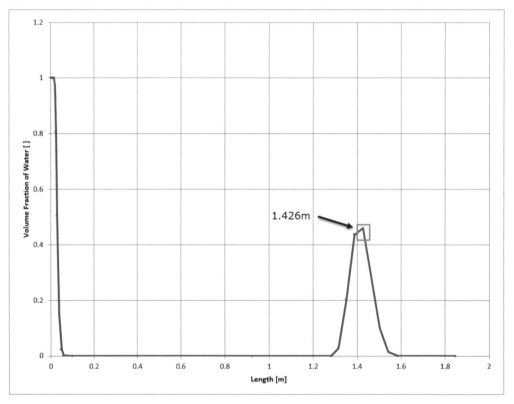

◉ 圖 10-16　水平平面 XY 圖

⬢ **理論結果**

射出的噴射高度可以由以下公式估算:

$$H = \frac{(V \cdot \sin\alpha)^2}{2g}$$

射出的噴射寬度可以由以下公式估算:

$$L = \frac{2V^2 \cdot \sin\alpha \cdot \cos\alpha}{g}$$

在上面的公式中，g 為重力加速度，v 為水的初始噴射速度，α 是相對於水平面的噴射傾斜角度。

我們看到，由 SOLIDWORKS Flow Simulation 計算得到的結果與理論預測非常相近。

◆ 總結

在本練習中，我們使用了自由液面來分析水流射出模擬。這個問題定義為一個外部流場分析，其中包含伸入計算域的噴頭。分析的目的是為了得到射出的噴射高度和噴射寬度。這兩組分析結果，得到的數值結果與理論解非常接近。我們還使用了暫態瀏覽器，對水的體積分率截面繪圖進行了動畫顯示。

練習 10-2 潰堤流動

本章將練習水的自由流動。首先介紹自由液面的流動類型，然後使用截面繪圖進行後處理。本練習將應用以下技術：

- 自由液面。
- 介紹：工程目標。

◆ 專案描述

研究在考慮向下重力作用的情況下，兩個垂直牆之間水的流體靜力學平衡問題，如圖 10-17 所示。當阻擋水體的右牆（障礙體）被移走時，水將自由湧入容器的空白區域。當水抵達容器的遠側時，由於受到反彈的作用而產生回波。我們將使用網格控制來確保結果的品質。

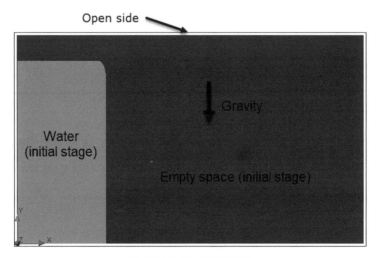

◉ 圖 10-17　初始狀態

操作步驟

STEP 1 開啟零件檔案

從 Lesson10\Exercises 資料夾中開啟檔案 "2D-broken-dam"。確認預設的模型組態處於使用狀態。

STEP 2 新建專案

使用 **Wizard**，參照表 10-4 新建一個專案。

表 10-4　專案設定

Configuration name	使用當前："2D Water Column"
Project name	"Broken dam"
Unit system	SI(m-kg-s)
Analysis Type Physical Features	External 選擇 **Time-dependent**。在 **Total analysis time** 中輸入 1.5s。保留 **Output Time step** 為預設的 0s。我們將在後面設定這個數值。勾選 **Gravity** 核選框。在這個分析中，正確的方向是 Y 方向分量，對應的數值為 -9.81m/s^2 選擇 **Free Surface**
Database of Fluid	在 **Gas** 列表中點兩下 **Air** 在 **Liquids** 列表中點兩下 **Water** 確認在 **Default Fluid Immiscible Mixture** 中二者都被選中
Wall conditions	Default
Initial conditions	確認選中了 **Pressure Potential**，在 **Concentrations** 下指定了 **Air** 在 **Turbulence Parameters** 中，將 **Turbulence Intensity** 和 **Turbulence length** 分別設定為 2% 和 0.0005m 其餘設定都保留預設值 點選 **Finish**

STEP 3 定義流動對稱條件和域的大小

編輯計算域，在 **Type** 選項視窗中點選 **2D Simulation**，選擇 **XY Plane**。

在計算域的 **Size and Conditions** 選項視窗中，輸入表 10-5 對應的尺寸。

表 10-5　對稱條件和域的大小

Size	meters
X_{max}	1.21
X_{min}	-0.01
Y_{max}	0.71
Y_{min}	-0.01
Z_{max}	0.005
Z_{min}	-0.005

STEP 4 設定初始整體網格

按滑鼠右鍵點選 **Global Mesh** 並選擇 **Edit Definition**，選擇 **Manual** 設定。

在 **Basic Mesh** 選項視窗中，輸入下列網格數：

X 方向網格數：80。

Y 方向網格數：44。

確認 **Keep Aspect Ratio** 未被選中。其他所有網格設定都不做改變。確認 **Channels**、**Advanced Refinement**、**Close thin Slots**、**Display Refinement Level** 都未被選中。點選 **OK**。

STEP 5 出口邊界條件

在 SOLIDWORKS Flow Simulation 分析樹中，按滑鼠右鍵點選 Boundary Condition 並選中 **Insert Boundary Condition**。

選擇計算域的頂面，在 **Type** 選項視窗中點選 **Pressure openings** 並選擇 **Environment Pressure**，如圖 10-18 所示。

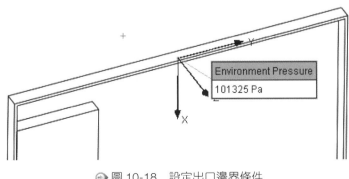

⊙ 圖 10-18　設定出口邊界條件

對於這個問題而言，接受預設的出口 **Environment Pressure** 101325Pa 和溫度 293.2K。保留其餘選項設定並點選 **OK**。

STEP 6 Initial conditions

在 SOLIDWORKS Flow Simulation 分析樹中，按滑鼠右鍵點選 Initial conditions 並點選 **Insert Initial conditions**。在 **Selection** 選項中，點選實體 WaterDomain。確認 **Disable solid components** 選項被選中。在 **Substance Concentrations** 中選擇 **Water**，如圖 10-19 所示。點選 **OK**。

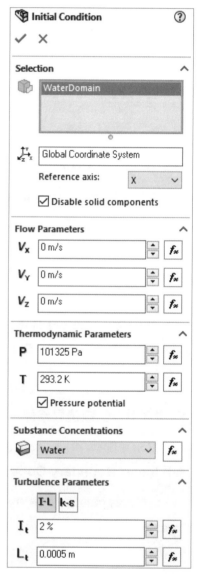

● 圖 10-19 設定 Initial conditions

STEP 7 為流體密度插入點收斂目標

在 SOLIDWORKS Flow Simulation 分析樹中，按滑鼠右鍵點選 Goals 並點選 **Insert Point Goals**。在 **Points** 選項視窗中點選 Coordinate。在 **X Coordinate**、**Y Coordinate** 和 **Z Coordinate** 中分別輸入 0.45m、0.01m 和 0m。點選 **Add Point**。

類似地，新增以下更多的點：[0.6, 0.01, 0]、[0.75, 0.01, 0]、[0.9, 0.01, 0]、[1.05, 0.01, 0]、[1.19, 0.01, 0]。在 **Parameters** 下勾選 **Density (Fluid)**，點選 **OK**。如圖 10-20 所示。

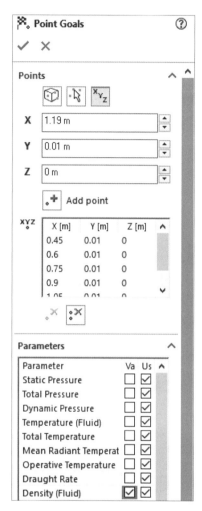

◉ 圖 10-20　插入點目標

STEP 8 設定計算時間步階

在 SOLIDWORKS Flow Simulation 分析樹中，按滑鼠右鍵點選 Input Data 並選擇 **Calculation Control Options**。

點選 **Solving** 頁籤。在 **Time Step Settings** 下方，將 **Time Step** 選項更改為 **Manual**，輸入 0.005s。

STEP 9 設定儲存選項

在 **Calculation Control Options** 視窗，點選 **Saving** 頁籤。

在 **Selected Parameters（Transient Explorer）**下方，勾選 **Periodic** 核選框。**Values** 下方的 **Iterations** 將自動設定預設值。

保留 **Periodic** 下的 **Start** 值為 0，**Period** 值為 1（即所有迭代的結果都將儲存）。

展開 **Parameter** 列表。在 **Main** 資料夾下，勾選下面的參數：**Volume Fraction of Water**、**Mass Fraction of Water**、**Velocity** 和 **Static Pressure**。

點選 **OK**。

STEP 10 執行專案

此計算將執行幾分鐘。

STEP 11 載入結果

計算結果將自動載入。

STEP 12 產生水的體積分率截面繪圖

按滑鼠右鍵點選 **Cut Plot**，選擇 **Insert**，選擇 **Volume Fraction of Water**。使用 Front plane 為切面。將 **Number of Levels** 的值減小到 3。點選 **OK**，顯示該截面繪圖，如圖 10-21 所示。

截面繪圖中的藍色區域代表空氣，紅色區域代表水。

● 圖 10-21　水的體積分率截面繪圖

STEP **13** 動畫顯示水的體積分率截面繪圖

在截面繪圖開啟的狀態下，按滑鼠右鍵點選 **Results** 資料夾，選擇 **Transient Explorer**。

將滑鼠移至時間軸上方，點選 **Play**，如圖 10-22 所示。根據時間的動畫將會自動播放。

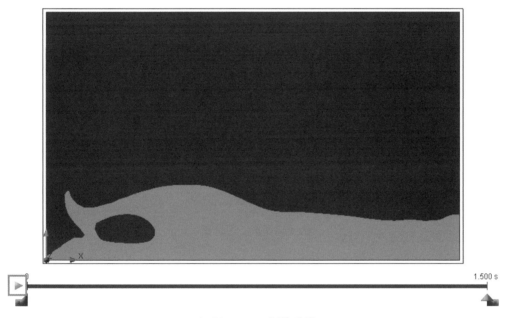

1.500 s

◉ 圖 10-22　播放動畫

STEP **14** 查看點目標

按滑鼠右鍵點選 Goals Plots，點選 **Insert**。在 **Goals** 下方勾選 **All**，在 **Abscissa** 中選擇 **Physical time**。勾選 **Group chars by parameter**，點選 **Export to Excel**。

分析每個暫態圖，可以觀察點目標位置隨時間變化的 **Density (Fluid)**。例如，圖 10-23 顯示了最初靠近座標 [0.45, 0.01, 0] 的水體點的變化。最靠前的水體大約在 0.087 秒處抵達了這個位置。

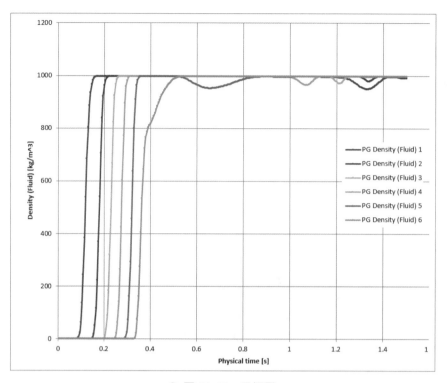

◉ 圖 10-23　目標圖

◆ **實驗數據**

這個問題的實驗數據也可以獲得。圖 10-24 顯示了它的初始狀態。

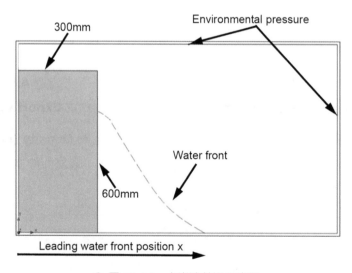

◉ 圖 10-24　水崩潰前沿示意圖

水力工程和海洋工程非常關心最靠前沿的位置。圖 10-25 顯示了實驗數據和模擬結果的對比。

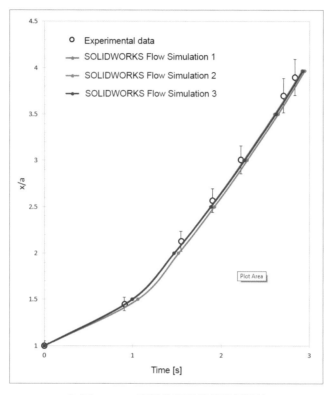

⬤ 圖 10-25　實驗數據與計算結果對比

🌀 **注意**　我們對於同樣的問題，使用各種網格細化設定得到了多個 SOLIDWORKS Flow Simulation 的求解結果。可以得到的結論是，結果都驗證了實驗數據。

⬢ **總結**

在這一章中，我們使用了自由液面的選項來計算潰堤問題。水體最初約束在左側的區域，當突然釋放時，水體將流入容器的空白區域。

我們還使用了 Transient Explorer 暫態瀏覽器，對水的體積分率截面繪圖進行了動畫顯示。

⬢ **參考文獻**

J. C. Martin and W. J. Moyce, Philosophical Transactions of the Royal Society of London, Series A 244 (1952) 312.

NOTE

氣蝕現象

11

 順利完成本章課程後，您將學會：

- 選擇氣蝕的流動類型

- 顯示氣蝕結果

11.1 案例分析：錐形閥

本章將討論水通過錐形閥的流動。本章的目標是介紹氣蝕這一流動類型選項。對稱條件將用於簡化分析，另外還將使用截面繪圖進行結果後處理。

11.2 專案描述

圖 11-1 所示為一個帶有錐形閥的管道。溫度為 363K 的水以 3.5m/s 的速度流過管道，水流在中間被閥門阻斷，並引發了急遽的壓差和氣蝕現象。對稱條件的運用可以極大地簡化計算，並可使用網格控制來確保可信的結果。

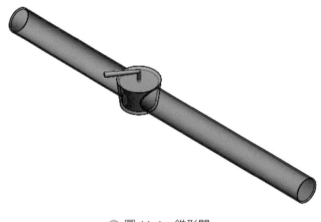

◉ 圖 11-1　錐形閥

11.3 氣蝕現象概述

對主要工作流體為液態的工程設備而言，氣蝕現象是一個普遍的問題。氣蝕現象的有害影響包括：降低效率、負載不對稱、葉片表面腐蝕及侵蝕、振動及噪音、縮短整機壽命。如今使用的氣蝕模型涵蓋廣泛，包括從非常粗糙的方法到非常複雜的氣泡動力模型。氣泡的產生、成長、爆裂等詳細資訊對預判實體表面腐蝕而言是非常重要的。

在 SOLIDWORKS Flow Simulation 中，採用了一個氣蝕的工程模型來預測工業流體中氣蝕的範圍，以及氣蝕對設備的效率的影響。

操作步驟

STEP **1** 開啟組合件檔案

從 Lesson11\Case Study 資料夾中開啟檔案 "01-cone valve"，確認預設模型組態已啟動。

STEP **2** 新建專案

使用 **Wizard**，按照表 11-1 的設定新建一個專案。

表 11-1　專案設定

Configuration name	使用當前："55deg"
Project name	"Cavitation"
Unit system	SI(m-kg-s)
Analysis Type	Internal
Database of Fluid	在 **Liquids** 列表中點兩下 **Water** 在 **Flow Characteristic** 下勾選 **Cavitation** 核選框
Wall conditions	預設值
Initial conditions	預設值，在 **Temperature** 中輸入 363.15K，點選 **Finish**

STEP **3** 初始整體網格設定

在 SOLIDWORKS Flow Simulation 分析樹中，按滑鼠右鍵點選 **Global Mesh** 並選擇 **Edit Definition**，指定 **Manual** 設定。

在 **Basic Mesh** 屬性中，按照下列數值修改元素數量：

X 方向網格數：112

Y 方向網格數：12

Z 方向網格數：12

在 **Refining Cells** 中，**Level of Refining Fluid Cells** 和 **Level of Refining Cells at Fluid/Solid Boundary** 都被設定為 1。

在 **Channels** 中，**Characteristic Number of Cells Across Channel** 設定為 7，保留 **Maximum Channel Refinement Level** 為 1。

在 **Advanced Refinement** 中，**Small Solid Feature Refinement Level** 設定為 5。

點選 **OK**。

STEP 4 設定入口邊界條件

在 SOLIDWORKS Flow Simulation 分析樹中，按滑鼠右鍵點選 Boundary Condition，選擇 **Insert Boundary Condition**。在較短一側的末端（圖 11-2），選擇入口 Lid 的內側表面。

在 **Type** 選項視窗中點選 **Flow openings**，選擇 **Inlet Velocity**。

在 **Flow Parameters** 選項視窗中，點選 **Normal to face**，並輸入數值 3.5m/s。

點選 **OK**。

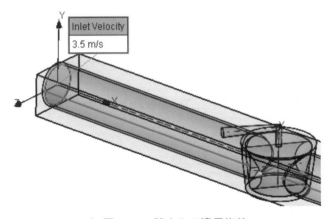

🔵 圖 11-2　設定入口邊界條件

STEP 5 設定出口邊界條件

在 SOLIDWORKS Flow Simulation 分析樹中，按滑鼠右鍵點選 **Boundary Condition**，選擇 **Insert Boundary Condition**。

在較長一側的末端（圖 11-3），選擇出口 Lid 的內側表面。

在 **Type** 選項視窗中點選 **Pressure openings**，選擇 **Static Pressure**。

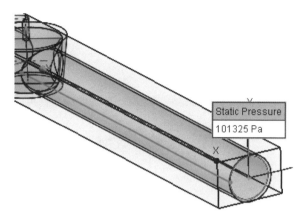

◉ 圖 11-3　設定出口邊界條件

　　預設的熱動力參數 **Static Pressure** 101325Pa 和 **Temperature** 363.15K，都可以用於這個問題。點選 **OK**。

STEP 6　對密度加入整體目標

　　按滑鼠右鍵點選 Input Data 下的目標，選擇 **Insert Global Goals**。

　　在 **Parameter** 選項視窗中，分別選擇 **Density (Fluid)** 對應的 **Av.** 和 **Min**。

　　點選 **OK**。

STEP 7　執行這個專案

　　現在，可以開始運算這個模擬。由於時間的關係，已經提前計算好分析的結果，將用此結果來進行後處理。

STEP 8　啟動專案

　　啟動專案 **completed**。

STEP 9　載入結果

　　按滑鼠右鍵點選 **Results** 資料夾並選擇 **Load**。

STEP 10　產生截面繪圖

　　選擇 **Top** 基準面作為截面繪圖基準面。

　　在 **Contours** 選項視窗中選擇 **Density (Fluid)**，並將 **Number of Levels** 提高到 100。

再次點選 **OK**，顯示截面繪圖，如圖 11-4 所示。

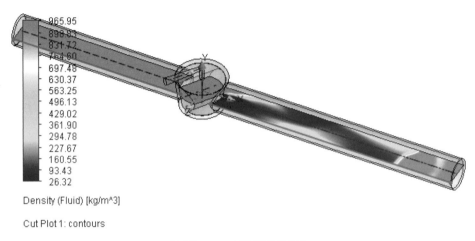

265.95
898.93
831.72
764.60
697.48
630.37
563.25
496.13
429.02
361.90
294.78
227.67
160.55
93.43
26.32

Density (Fluid) [kg/m^3]

Cut Plot 1: contours

⊙ 圖 11-4　密度截面繪圖

截面繪圖中的藍色區域表示密度非常低的區域，這也意謂著氣蝕發生在這些區域中。

11.4 ┃ 討論

為了研究氣蝕的影響，在案例中使用了密度的截面繪圖，也可以使用水的質量分量、水的體積分量、水蒸氣的質量分量等截面繪圖來觀察氣蝕發生的位置。請注意模型並沒有描述單個氣泡的特性。

在計算過程中，氣蝕的面積增長緩慢，而且在氣蝕面積完整計算前，計算有隨時停止無法收斂的可能。為了阻止這種情況的發生，可以指定平均密度的一個 Global Goal，並將此目標用於收斂控制，還可以調整計算控制選項，以確保計算能夠運算更長的時間。

11.5 ┃ 總結

在本章中使用氣蝕選項來求解水流過閥門的氣蝕現象，透過顯示密度的截面繪圖來評估氣蝕現象。低密度區域代表氣蝕現象並形成水蒸氣。在評估氣蝕現象時，還可以使用水蒸氣體積分率的結果繪圖來做判斷。

12

相對濕度

 順利完成本章課程後，您將學會：

- 在邊界條件中應用相對濕度

- 顯示相對濕度的結果

12.1 概述

相對濕度是指在當前水蒸氣密度，與當前壓力和溫度對應的飽和狀態下，水蒸氣密度的比值。相對濕度允許使用者指定水蒸氣以氣體或混合氣體的形式存在。在 Flow Simulation 的專案中不能直接指定水蒸氣，而是透過在初始或邊界條件中指定相對濕度。

12.2 案例分析：廚房

在本章中，需要在邊界條件中應用濕度參數，來模擬以氣體形式存在的水蒸氣，以及如何對這類分析的結果進行後處理。

12.3 專案描述

廚房的內部環境是由中央系統控制的，在房間背面靠頂部的排放口將吹出濕熱的空氣，在靠近天花板的房間兩側各有一個開口。其中一個出口帶有排氣扇，以指定的流速將空氣抽出，另外一個出口不帶風扇，直接與環境大氣相通，如圖 12-1 所示。

Outlet without fan

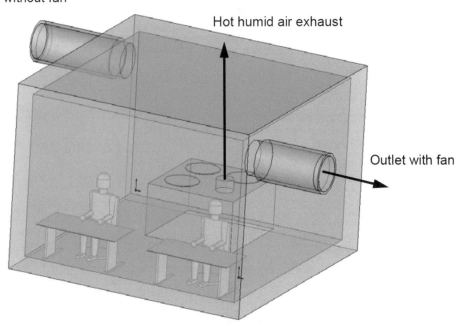

⊙ 圖 12-1　廚房簡易示意圖

操作步驟

STEP 1 開啟組合件檔案

從 Lesson12\Case Study 資料夾中開啟檔案"COOK_HOUSE"。

STEP 2 新建專案

使用 **Wizard**，按照表 12-1 的設定新建一個專案。

表 12-1 專案設定

Configuration name	使用當前："Default"
Project name	"Relative Humidity"
Unit system	SI(m-kg-s) 在 **Parameter** 下的 **Loads & Motion** 中，將體積流率的單位更改為 m³/min，**Temperature**（在 **Main** 下方）的單位為℃
Analysis Type	Internal 選擇 **Physical Features** 下的 **Gravity** 對這個模型而言，Y 方向的預設值 -9.81m/s² 是正確的
Database of Fluid	對 **Gas** 列表中，點兩下 **Air** 勾選流動特徵中的 **Humidity** 核選框
Wall conditions	預設值
Initial conditions	展開 **Humidity** 列表 在 **Relative Humidity** 中輸入數值 60%，點選 **Finish**

STEP 3 顯示最小壁厚

點選 Tools → Flow Simulation → Tools → Options，在 General Options 下方設置 Show/Hide wall thickness 為 Show。

提示 預設情況下，**Minimum Wall Thickness** 是隱藏的。為了使用這個參數需要顯示它。

STEP 4 設定初始整體網格參數

按滑鼠右鍵點選 **Global Mesh** 並選擇 **Edit Definition**。設定 **Level of Initial Mesh** 為 4，設定 **Minimum Gap Size** 為 0.1m，設定 **Minimum Wall Thickness** 為 0.01m。點選 **OK**，如圖 12-2 所示。

◉ 圖 12-2　整體網格設定

STEP 5 設定入口邊界條件

在 SOLIDWORKS Flow Simulation 分析樹中，按滑鼠右鍵點選 **Input Data** 下的 **Boundary Condition**，選擇 **Insert Boundary Condition**。

如圖 12-3 所示，選擇爐子上鍋具的頂面，點選 **Flow openings**，選擇 **Inlet Volume Flow**。

在 **Flow Parameters** 選項視窗中，點選 **Normal to face**，並輸入 0.1m³/min。

在 **Thermodynamic Parameters** 選項視窗中，在 **Temperature** 中輸入 100℃（373K）。

在 **Humidity Parameters** 選項視窗中，對 **Relative Humidity**、**Humidity Reference Pressure** 和 **Humidity Reference Temperature** 分別輸入 100%、101325Pa 和 100℃，如圖 12-4 所示。

點選 **OK**。

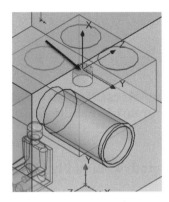

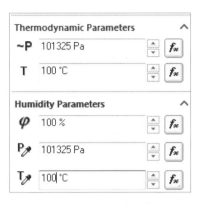

◉ 圖 12-3 設定入口邊界條件 ◉ 圖 12-4 濕度參數

STEP **6** 設定出口邊界條件 **(1)**

在 SOLIDWORKS Flow Simulation 分析樹中,按滑鼠右鍵點選 Input Data 下的 Boundary Condition,選擇 **Insert Boundary Condition**,選擇如圖 12-5 所示表面。

點選 **Flow openings**,選擇 **Outlet Volume Flow**。

在 **Flow Parameters** 選項視窗中,點選 **Normal to face**,並輸入 $1m^3/min$,如圖 12-6 所示。

點選 **OK**。

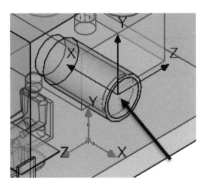

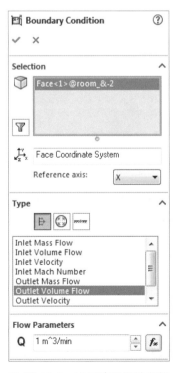

◉ 圖 12-5 設定出口邊界條件 ◉ 圖 12-6 出口邊界條件參數

STEP▶ 7 設定出口邊界條件 (2)

在靠近房間背面的另一個出口 Lid 的內側表面指定一個 **Pressure openings →**
Environment Pressure 邊界條件。

該問題可以採用預設的出口參數，其 **Environment Pressure** 和 **Temperature** 分別
為 101325Pa 和 20.05℃（293K）。

在 **Humidity Parameters** 選項視窗，指定 **Relative Humidity** 的數值 35%。

點選 **OK**。

提示　　當出口附近出現重新流入房間的循環流動時，才可以使用 **Relative Humidity**
和 **Temperature** 參數。如果所有流動都直接通過出口排放出去，則可以忽略
這些參數。

STEP▶ 8 插入熱源

按滑鼠右鍵點選 Input Data 下的 Heat Source，選擇
Inlet Surface Source。

選擇直接固定在桌子頂部的三個圓周陣列體，如圖
12-7 所示。

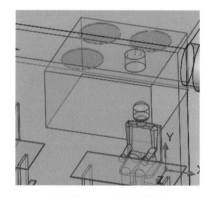

在 **Parameter** 下的 **Heat Transfer Rate** 中輸入 1000W。

點選 **OK**。

STEP▶ 9 插入表面目標

⊙ 圖 12-7　插入熱源

按滑鼠右鍵點選 Goals 並選擇 **Insert Surface Goal**。

從 SOLIDWORKS Flow Simulation 分析樹中選擇邊界條件 Environmental Pressure1，
這將會自動定義正確的面。

在 **Parameter** 選項視窗中，勾選 **Temperature (Fluid)** 的 **Av.** 核選框，勾選 **Mass**
Flow rate 的 **Av.** 核選框。

點選 **OK**。

STEP▶ 10 對帶風扇的出口表面插入溫度表面目標

對 Outlet Volume Flow 1 插入 **Temperature (Fluid)** 表面目標（取其 **Av.**）。

STEP 11 對密度插入 Global Goal

按滑鼠右鍵點選 Input Data 下的目標，選擇 **Insert Global Goals**。

在 **Parameter** 選項視窗，勾選 **Density (Fluid)** 的 **Av.** 核選框。

點選 **OK**。

STEP 12 執行專案

請確認已經勾選 **Load results** 核選框，點選 **Run**。

此時可以開始運算這個模擬，由於時間關係，分析的結果已經提前計算完成，可以直接用於後處理。

STEP 13 啟動模型組態

啟動模型組態 completed。

STEP 14 載入結果

按滑鼠右鍵點選 **Results** 資料夾並選擇 **Load**。

STEP 15 產生截面繪圖

為 **Relative Humidity** 產生一個截面繪圖。使用與 Front 基準面偏移 1.0765m 的平面做為參考，如圖 12-8 所示。

◉ 圖 12-8　相對濕度截面繪圖

可以觀察到，人體模型周圍的最大相對濕度大約為 62%。隱藏該截面繪圖。

STEP 16 顯示流線軌跡

按滑鼠右鍵點選 **Results** 資料夾中的流線軌跡,選擇 **Insert**。

從 SOLIDWORKS Flow Simulation 分析樹中選擇邊界條件 Inlet Volume Flow1,這將為流線軌跡自動選取入口表面。

選項視窗中將 **Number of Points** 減至 10,在 **Appearance** 選項視窗中,選擇 **Relative Humidity**,設定整體最大值和整體最小值,如圖 12-9。

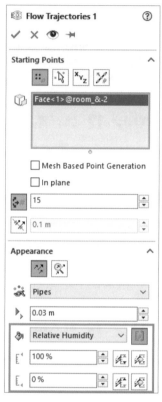

◉ 圖 12-9 設定流線軌跡

點選 **OK**,顯示流線軌跡,如圖 12-10 所示。

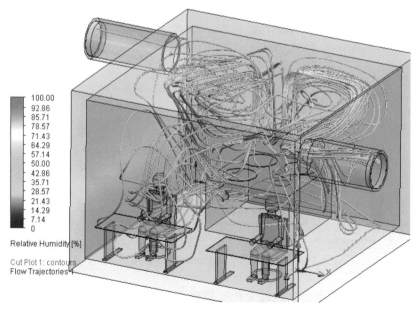

◉ 圖 12-10 顯示流線軌跡

旋轉視圖以便使用者能看清流線軌跡，顯示了氣體進入房間，從熱排氣口排放，以及在房間中的混合過程。

STEP 17 裁剪流線軌跡

在大的模型中，使用者可能會截取流線軌跡的區域。按滑鼠右鍵點選上一步中產生的流線軌跡圖，選擇 **Edit Definition**。

展開 **Crop Region** 選項視窗，編輯區域的尺寸，如圖 12-11 所示。

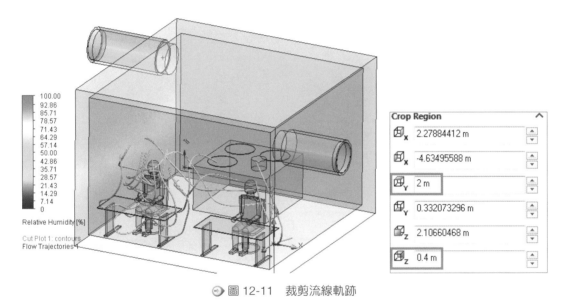

◉ 圖 12-11　裁剪流線軌跡

點選 **OK** 查看該圖。

將會顯示圍繞模型截取區域的流線軌跡。

12.4 總結

在本章中使用了相對濕度來分析廚房的條件。與氣蝕現象一樣，在結露完全計算完成之前，相對濕度問題也有計算過程隨時被停止的風險。指定 Global Goal 為平均密度以確保能夠完成計算，因為密度與結露的相關性很強。為了查看結露的區域，需要使用一個 **Relative Humidity** 的截面繪圖，還可以使用 **Condensate Mass Fraction in Water** 來顯示結露。

NOTE

13

粒子軌跡

 順利完成本章課程後,您將學會:

- 在主流場中注入物理顆粒
- 使用粒子研究指令
- 查看粒子軌跡結果

13.1 案例分析：颶風產生器

在本章中，需要將顆粒注入颶風產生器內並進行一次研究。將在分析中作用重力，並學習指定注入的實體顆粒的類型。此外，還將給予不同的邊界條件，設定粒子是如何進入模型的。

13.2 專案描述

在學習颶風是如何產生的問題上，可以使用颶風產生器作為教學工具。當陽光加熱海水時，水將蒸發形成一片上升的濕空氣雲朵，之後周邊的冷空氣捲入雲朵中並產生漩渦運動。

在這個產生器中，頂部的四個燈泡將產生 100W 的熱量。在產生器的底部，一個 600W 的加熱器在底座上加熱水以助其蒸發。四周壁面上狹縫的空氣將捲入其中。由於狹縫定位的原因，緊接著會產生漩渦運動並形成颶風，如圖 13-1 所示。

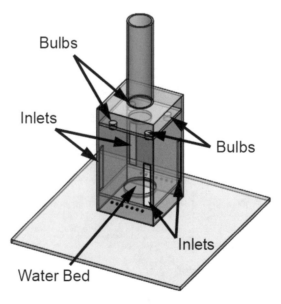

Bulbs

Inlets

Bulbs

Inlets

Water Bed

◯ 圖 13-1 颶風產生器

在案例中將使用 Flow Simulation 中粒子軌跡的功能，來顯示水滴是如何從加熱的基座上蒸發的。在使用粒子軌跡時，還會研究所有可用的選項。

13.3 粒子軌跡概述

依照 SOLIDWORKS Flow Simulation 中所採納的粒子運動模型，粒子軌跡是在計算完流體流動後的後處理中計算而來（針對穩態或暫態的分析）。粒子質量和體積流率被假設為大幅地低於主流的數值，因此，粒子運動和溫度對流體流動參數的影響可以忽略不計，而且粒子運動滿足下列方程式：

$$m \frac{dv_p}{dt} = \frac{\rho_f (v_f - v_p)|v_f - v_p|}{2} C_d A + F_g$$

式中，m 為粒子質量；t 為時間；v_p 和 v_f 分別為粒子和流體的速度（向量）；p_f 為流體密度；C_d 為粒子的阻力係數；A 為粒子的正面面積；F_g 為重力。

粒子被假設為特定（實體或流體）材料且質量不變的非旋轉球體，可以依據 Hendersons 的半經驗公式來計算對應的阻力係數。如果粒子相對於承載流體的速度很慢時（例如，相對速度的馬赫數 M=0 時），則這個公式可以表示為：

$$C_d = \frac{24}{Re} + \frac{4.12}{1 + 0.03\,Re + 0.48\sqrt{Re}} + 0.38$$

其中，雷諾數（Re）為：

$$Re = \frac{\rho_f |v_f - v_p| d}{\mu}$$

式中，d 為粒子直徑；μ 為流體動力黏度。

操作步驟

STEP 1　開啟組合件檔案

從 Lesson13\Case Study 資料夾中開啟檔案 "hurricane_generator"。

STEP 2　新建專案

使用 **Wizard**，按照表 13-1 的設定新建一個專案。

表 13-1 專案設定

Configuration name	使用當前 "Default"
Project name	"hurricane"
Unit system	SI(m-kg-s)
Analysis Type Physical Features	External 勾選 **Conduction** 核選框 勾選 **Gravity** 核選框 對本分析而言，Y 方向分量和 -9.81m/s² 是正確的方向和數值
Database of Fluid	在 **Fluids** 列表的 **Gas** 欄中，點兩下 **Air**，將其新增到專案流體中
Solids	在 **Metals** 列表中，**Solids** 應當被設定為 **Titanium**
Wall conditions	預設 **Roughness** 設為 0 micrometer
Initial conditions	預設值，點選 **Finish**

STEP 3 顯示最小壁厚

點選 Tools → Flow Simulation → Tools → Options，在 **General Options** 下方設置 **Show/Hide wall thickness** 並 **Show**。

STEP 4 初始整體網格設定

設定 **Level of Initial Mesh** 為 3，設定 **Minimum Wall Thickness** 為 0.0127m。

STEP 5 定義計算域

在 Flow Simulation 分析樹中按滑鼠右鍵點選 Input Data 下的 Computational Domain，選擇 **Edit Definition**。分別對每個項目輸入表 13-2 的數值。

表 13-2 定義計算域

Size	meters
X_{max}	1
X_{min}	-1
Y_{max}	2
Y_{min}	-0.25
Z_{max}	1
Z_{min}	-1

STEP 6　插入熱源 (1)

在 Flow Simulation 分析樹中，按滑鼠右鍵點選 Heat Sources，選擇 **Insert Volume Source**。

在 **Selection** 選項視窗中，選擇 4 個 bulb 零件。

在 **Heat Generation Rate** 中輸入 100W。

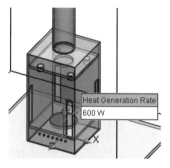

◉ 圖 13-2　設定體積熱源 (1)

STEP 7　插入熱源 (2)

重複上面的步驟，對 heater 零件輸入 600W 的熱功耗，如圖 13-2 所示。

STEP 8　插入 Global Goal

插入一個 Global Goal，以計算其 **Temperature (Fluid)** 的最大值。

STEP 9　組件控制

將 4 個 Part1 實體在分析中停止使用。這些實體是產生器入口的 Lid，將在查看結果時再用到它們，並不會在分析中包含它們。

STEP 10　執行分析

請確認已經勾選 **Load results** 和 **Solve** 核選框，點選 **Run**。

STEP 11　產生截面繪圖

使用 Top Plane 作為參考，在 **Offset** 中輸入 0.3m 並插入一張 **Cut Plot**。

取消選擇 **Contours**，點選 Vectors。

在 **Vectors** 選項視窗中選擇 **Velocity**，將 **Spacing** 和 **Max Arrow Size** 分別設定為 0.03m 和 0.15m，**Min/Max Arrow Size Ratio** 設為 0.01。

點選 **OK**，如圖 13-3 所示。

可以看到產生器內部的漩渦流動，查看完畢，請隱藏截面繪圖。

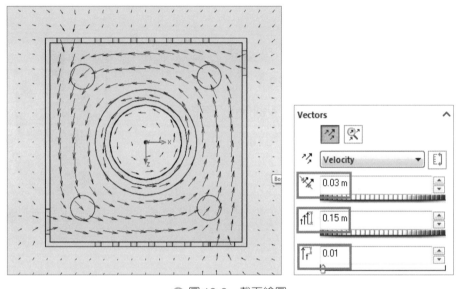

● 圖 13-3　截面繪圖

STEP 12 產生流線軌跡

從 FeatureManager 設計樹中顯示 Lid Part1，使用 Lid 的內側表面，產生一張 **Flow Trajectory** 結果繪圖。

在 **Appearance** 選項視窗中，選擇 **Pipes**，並在 **Width** 中輸入 0.01m。

選擇 **Velocity**。

在 **Constraints** 選項視窗中，指定軌跡只沿 **Forward** 方向產生。

點選 **OK**，如圖 13-4 所示。

流動進入狹縫後開始旋轉，從而形成類似颱風的雲朵，如圖 13-5 所示，隱藏流線軌跡 1 結果繪圖。

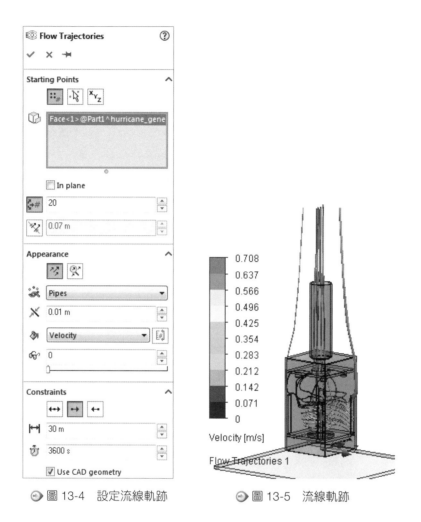

⬤ 圖 13-4　設定流線軌跡　　　　⬤ 圖 13-5　流線軌跡

STEP **13** 粒子研究 **(1)**

在 SOLIDWORKS Flow Simulation 分析樹中，按滑鼠右鍵點選 **Results** 下的 Particle Study，選擇 **Wizard**。

在 **Name** 選項視窗中，保持現有名稱 Particle Study1，如圖 13-6 所示。

點選 **Next**，在粒子將要注入產生器的位置，選擇加熱器的頂面作為參考。

⬤ 圖 13-6　粒子研究 Wizard 選項

在 **Particle Properties** 下方，指定 **Diameter** 為 0.00001m，並指定粒子的材料為 **Liquids → Water**。

在 **Mass Flow rate** 中輸入數值 1kg/s，如圖 13-7 所示。點選 **Next**。

> 提示　可以透過在 **Injection** 設定視窗中點選 **More Injections** 指定其他定義。

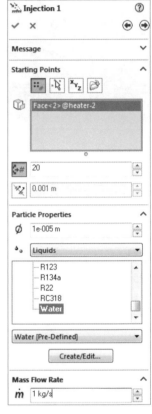

◉ 圖 13-7　設定參數

13.3.1　粒子研究─物理設定

Physical Settings 功能表允許使用者指定更多的 **Physical Features**：**Gravity**，由粒子引起的壁面 **Erosion** 侵蝕，或壁面上形成的粒子 **Accretion** 堆積。

STEP▶ 14 設定

在 **Physical Features** 選項視窗中，**Gravity** 核選框在預設情況下都是勾選的。

保持 **Accretion** 和 **Erosion** 兩個選項未被勾選，如圖 13-8 所示。

點選 **Next**。

◉ 圖 13-8　物理設定

13.3.2　粒子研究— Wall conditions

如果粒子與壁面發生接觸的話，**Default Wall conditions** 功能表中，預設選項會讓使用者的模擬發生什麼樣的狀況。對本章而言，保持預設的 Wall conditions 為 **Absorption** 吸收，這意味著如果粒子與壁面發生接觸，則粒子將被壁面所吸附。其他的選項還可以允許粒子在接觸壁面後 **Reflection** 反射回來。

STEP 15 更多設定

在 **Condition** 選項視窗中，保留 **Absorption** 選項點選 **Next**，如圖 13-9 所示。

保持 **Calculation Settings** 視窗中所有參數為預設值，如圖 13-10 所示。

點選 **Next**。

在最後的 **Run** 視窗中點選 **Run**，如圖 13-11 所示。

粒子研究很快就完成計算了。

◉ 圖 13-9　Wall conditions

◉ 圖 13-10　計算設定

◉ 圖 13-11　執行

STEP **16** 粒子研究 (2)

在粒子研究資料夾下方，按右鍵點選 **Injection 1**，點選 **Show**。如圖 13-12 所示。

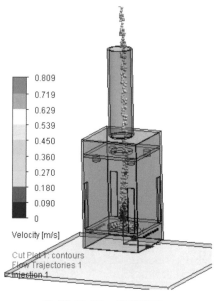

◉ 圖 13-12　結果顯示

STEP **17** 顯示動畫

按滑鼠右鍵點選 **Injection 1** 並選擇 **Play**，以動畫的方式顯示該粒子研究。

13.4 總結

本章對颶風產生器中的水粒子進行了一次粒子研究。研究目的在幫助使用者理解旋風是如何形成的。建議使用者採用不同的粒子研究的設定，繼續進行研究。

練習 13-1 均勻流體流動

在這個練習中,將對均勻流場中注入的粒子進行粒子研究。需要考慮重力的作用,並學習指定注入的實體粒子的類型。此外並將建立不同的邊界條件,反映粒子是如何在模型中運動的(圖 13-13)。

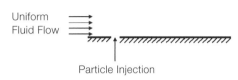

Uniform Fluid Flow

Particle Injection

◉ 圖 13-13 注入粒子到均勻的流體流動中

● **專案描述**

為了簡化分析,本問題將以二維(例如,選擇 XY 平面作為參考)流動問題的方式進行求解。

對應的 SOLIDWORKS 簡化模型如圖 13-14 所示。對於模擬的對稱條件而言,兩組壁面都是非常理想的。通道的長度為 0.233m,高度為 0.12m,而且所有壁厚都為 0.01m。這個問題中包含均勻的流體速度 v_{inlet},流體溫度為 293.2K,在通道入口採用紊流和層流的邊界層預設數值,在通道出口指定 1atm 的靜壓。採用 5 階網格,對這個流體流動進行計算。

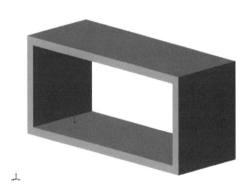

◉ 圖 13-14 SOLIDWORKS 簡化模型

操作步驟

STEP 1 開啟零件檔案

從 Lesson13\Exercises 資料夾中開啟檔案 "channel"。

STEP 2 新建專案

使用 **Wizard**,按照表 13-3 的設定新建一個專案。

表 13-3 專案設定

Configuration name	使用當前:"Default"
Project name	"Gravity"
Unit system	SI(m-kg-s)

Analysis Type	Internal
Physical Features	無
Database of Fluid	在 **Gas** 列表中，點兩下 **Air**
Wall conditions	預設值
Initial conditions	預設值，點選 **Finish**

會彈出以下訊息：

"Fluid volume recognition has failed because the model currently is not watertight. An internal task must has a sealed internal volume. You need to close openings and holes to make the internal volume sealed.

You can close openings with the Create Lids tool. Do you want to open the Create Lids tool?"（流體體積識別因模型當前並非封閉而失敗。內部任務必須具有密封的內部體積。您需要關閉開口和孔洞以使內部體積密封。您可以使用 "建立蓋" 工具關閉開口。是否要開啟 "建立蓋" 工具？）

點選 **No**。模擬將以二維的方式進行，因此無須對模型的開口使用 Lid 來封閉。

STEP 3 初始整體網格設定

設定 **Level of initial mesh** 為 5。

STEP 4 定義計算域

在 **Computational Domain** 視窗中，**Type** 點選 **2D Simulation**，並選擇 **XY Plane**。

STEP 5 設定入口邊界條件

在代表入口的 SOLIDWORKS 特徵內表面，指定 **Normal to face** 的入口速度 0.6m/s，如圖 13-15 所示。

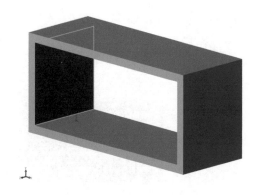

● 圖 13-15 設定入口邊界條件

STEP 6 設定出口邊界條件

在通道入口另一側的內表面,指定 **Static Pressure** 的邊界條件,如圖 13-16 所示。接受預設的環境參數。

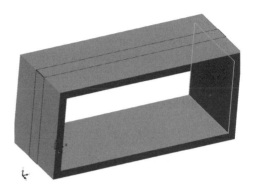

● 圖 13-16　設定出口邊界條件

◆ **理想壁面**

理想壁面的條件是允許使用者指定一個絕熱的、光滑的壁面邊界條件,而不是預設的流體帶摩擦壁面。如果條件合適,使用者還可以將理想壁面的條件應用到流動的對稱基準面上,這有助於減少計算資源。

STEP 7 選擇理想 **Wall conditions** 的面

選擇擋板的頂面和底面,可以使用 Ctrl 鍵同時選擇兩個面。

按滑鼠右鍵點選 Boundary Condition,選擇 **Insert Boundary Condition**。

在 **Type** 選項視窗中,點選 **Wall** 並選擇 **Ideal Wall** 如圖 13-17 所示。

點選 **OK**。

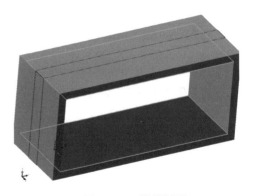

● 圖 13-17　選擇壁面

STEP 8 設定工程目標

在用於定義速度邊界條件的入口表面,對其靜壓的平均值指定一個表面目標。

STEP 9 執行分析

STEP 10 使用一個射入條件來建立粒子研究

在 SOLIDWORKS Flow Simulation 分析樹中，按滑鼠右鍵點選 **Results** 下的 Particle Study，選擇 **Wizard**。

在第一視窗中保持預設的名稱 Particle Study1。點選 **Next**，定義第一個射入條件。

在 **Injection1** 視窗中，點選 **Starting Points** 選項視窗中的 **Coordinate**，輸入注入的座標：0m、0m、0m。點選 **Add Point**，將點新增到列表中。

在 **Particle Properties** 選項視窗中，指定粒子的 **Diameter** 為 0.001m，**Material** 為 **Iron**，**Mass Flow rate** 為 1kg/s。**Initial particle temperature** 選擇 **Relative**，設為 0 K。並按照下面的數值指定 **Absolute** 初始速度：

X 方向的速度 =0.6m/s。

Y 方向的速度 =1.2m/s。

Z 方向的速度 =0m/s。

點選 **Next**。

STEP 11 設定粒子研究的邊界條件和 Physical Features

在 **Physical Settings** 視窗中，勾選 Gravity 核選框，並在 Y-Gravity 中輸入 -9.81m/s^2。點選 **Next**。

在 **Default Wall conditions** 視窗中，保持預設的 **Absorption** 條件。點選 **Next**。

在 **Calculation Settings** 視窗中，保持所有參數為預設值並點選 **Next**。

在 **Run** 視窗中點選 **Run**。這個計算會很快得到結果。

STEP 12 顯示粒子軌跡

在 SOLIDWORKS Flow Simulation 分析樹中，按滑鼠右鍵點選 Injections 資料夾並選擇 **Show All**。

使用者還可以從 SOLIDWORKS Flow Simulation 分析樹中，按滑鼠右鍵點選 Injection 1，選擇 **Show** 來查看粒子軌跡，如圖 13-18 所示。

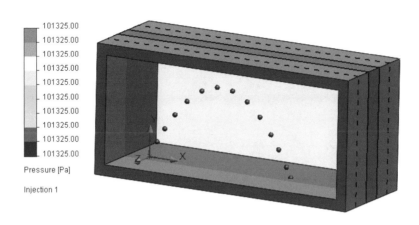

◉ 圖 13-18　顯示粒子軌跡

> **提示**　使用者可以 **Edit Definition** Particle Study1，關閉重力選項再重新執行這個粒
> 子研究，以查看關閉重力選項對結果的影響。使用者還可以回去設定中使用不
> 同的材料、直徑、和（或）速度來觀察這些影響。

如果時間允許的話，請嘗試以下三種組合：

- 空氣的流動速度 v_{inlet}=0.002m/s，黃金粒子的直徑 d=0.5mm，垂直於壁面的注入速度為 0.002m/s。

- 水流速度 v_{inlet}=10m/s，鐵粒子的直徑 d=1cm，垂直於壁面的注入速度分別為 1m/s、 2m/s 和 3m/s。

- Y 方向引立場的粒子軌跡（重力加速度 g_y=-9.81m/s2，空氣的流動速度 v_{inlet}=0.6m/s， 鐵粒子的直徑 d=1cm，相對壁面呈 63.44° 的角度對應的注入速度為 1.34m/s）。

NOTE

14

超音速流動

順利完成本章課程後，您將學會：

- 建立一個外部超音速流場分析

- 對超音速流動求解使用自適性網格特徵

- 產生馬赫數的等高線結果繪圖

14.1 超音速流動

當流動的速度快於音速時，就可認定為流動式超音速問題。在次音速流動中，流體會對擾動作出反應。因為壓差在擾動處開始發展並向下傳遞，導致使流入方向的流場在擾動的作用下作出反應和變化。然而在超音速流動中，這些壓差不會在上游發展，因為流體流動的速度實在太快了。因此，下游的擾動不會受到流入方向的流場影響。當流體流經擾動區時，流動屬性將發生劇烈變化，這也是眾所周知的震波。

14.2 案例分析：圓錐體

正如預測的一樣，超音速流動和次音速流動的表現有很大的不同。在本章中，將進行一次空氣繞部分圓錐體的外部超音速流場分析（圖 14-1），與在前面章節中做過的一樣，這裡也將採用對稱的條件來簡化模型。自適性的網格劃分技術也將被運用在這一章節，來確保在產生震波的區域能得到準確的結果，另外還會使用工程目標來計算實體的風阻係數。

◉ 圖 14-1　圓錐體

14.3 專案描述

研究的圓錐體尺寸如圖 14-2 所示，繞著該實體流動的馬赫數為 1.7，靜壓為 1atm，溫度為 660.2K，紊流強度為 1%。這些流動條件對應的雷諾數為 1.7×10^6（根據實體正前面的直徑計算）。

為了簡化計算域，在這個分析中將使用 Z=0 的流動對稱基準面。此外，還將指定 Y=0 的對稱基準面。

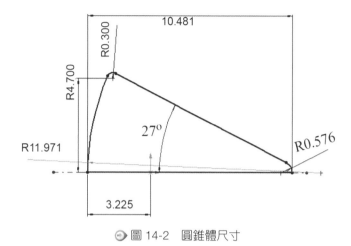

●圖 14-2　圓錐體尺寸

14.3.1　風阻係數

水平的氣動風阻係數將採用下面的阻力方程式進行定義：

$$C_t = \frac{F_t}{\frac{1}{2}\rho U^2 S}$$

式中，F_t 為在 t 方向作用在實體上氣動阻力；$U^2/2$ 為流入方向的流場動力壓差；S 為實體投影橫截面（垂直於實體的軸線）的面積。

在本章稍後部分定義流體模擬中的 **Equation Goal** 時，將使用風阻係數方程式。

操作步驟

STEP 1　開啟零件

從 Lesson14\Case Study 資料夾中開啟檔案"cone"，確認當前使用的模型組態為 Default。

STEP 2　新建專案

使用 **Wizard**，按照表 14-1 的設定新建一個專案。

表 14-1　專案設定

Configuration name	使用當前："Default"
Project name	"000 dg"
Unit system	SI(m-kg-s)
Analysis Type Physical Features	External 無
Database of Fluid	在 **Gas** 列表中，點兩下 **Air** 在 **Flow Characteristic** 下方，勾選 **High Mach number flow** 核選框
Wall conditions	在 **Default wall thermal condition** 列表中，選擇 **Adiabatic wall** 在 **Roughness** 中輸入 0 micrometer
Initial conditions	在 **Thermodynamic Parameters** 下的 **Temperature** 框中，輸入數值 660.2K 在 **Velocity Parameters** 下的 **Parameter** 列表中，選擇 **Mach number**， 在 **Defined by** 中選擇 **3D Vector** 在 **Mach number in the X direction** 框中，輸入數值 1.7 在 **Mach number in the Y direction** 框中，輸入數值 0 在 **Mach number in the Z direction** 框中，輸入數值 0 在 **Turbulence Parameters** 下方，將 **Turbulence Intensity** 的值改為 1%，點選 **Finish**

STEP 3 初始整體網格設定

設定 **Level of Initial Mesh** 為 5。

STEP 4 設定計算域

在 Flow Simulation 分析樹中按滑鼠右鍵，點選 Input Data 下的 Computational Domain，選擇 **Edit Definition**。

計算域可以簡化為圓錐體的 1/4，以降低求解的規模並縮短求解的時間。

在 Y_{min} 和 Z_{min} 位置指定 **Symmetry** 條件。

對計算域指定見表 14-2 的尺寸。

點選 **OK**。

表 14-2　設定計算域

Size	meters
X_{max}	0.4
X_{min}	-0.15
Y_{max}	0.25
Y_{min}	0
Z_{max}	0.25
Z_{min}	0

STEP 5　設定計算控制選項

在 SOLIDWORKS Flow Simulation 分析樹中，按滑鼠右鍵點選 Input Data 並選擇 **Calculation Control Options**。

點選 **Refinement** 頁籤，設定 **Global Domain** 細化級別為 1。在 **Refinement Settings** 下方，選擇 **Approximate Maximum Cells** 核選框並輸入數值 350000。設定 **Refinement strategy** 為 **Periodic**。保持其餘參數為預設值不變。點選 **Finishing** 頁籤。在 **Finish Conditions** 下方，選擇 **Refinement** 核選框並將數值設定為 1。點選 **OK**。

STEP 6　插入工程目標

在 SOLIDWORKS Flow Simulation 分析樹中，按滑鼠右鍵點選 Goals，選擇 **Insert Global Goal**。

在 **Parameter** 列表中，勾選 **Force (X)** 核選框。點選 **OK**。

STEP 7　插入方程式目標

在 SOLIDWORKS Flow Simulation 分析樹中，按滑鼠右鍵點選 Goals 並選擇 **Insert Equation Goal**。

使用方程式目標窗口中的按鍵，對水平方向的風阻係數輸入下面的方程式：

4*{GG Force (X) 1}/1.7^2/1.399*2/101325/3.14159*4/0.1^2

在 **Dimensionality** 列表中，選擇 **No unit**，如圖 14-3 所示。

點選 **OK**。

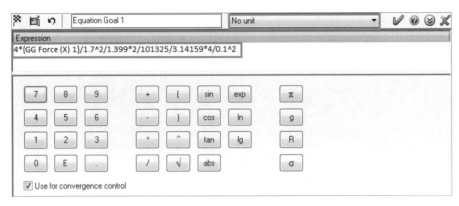

⊙ 圖 14-3 插入方程式目標

STEP **8** 重新命名該方程式目標為 C_d

STEP **9** 執行專案

請確認已經勾選了 **Load results** 核選框,點選 **Run**。在 3.6GHz Intel Xeon E5 的工作站上,分析的運算時間大約為 7min。

STEP **10** 產生截面繪圖

按滑鼠右鍵點選截面繪圖,然後選擇 **Insert**。

在 **Selection** 選項視窗中,確認選擇了 **Plane1**。

在 **Display** 選項視窗中選擇 **Contours** 和 **Vectors**。

在 **Parameter** 中指定 **Mach number** 並將 **Number of Levels** 調至 100。

點選 **OK**,產生馬赫數截面繪圖,如圖 14-4 所示。

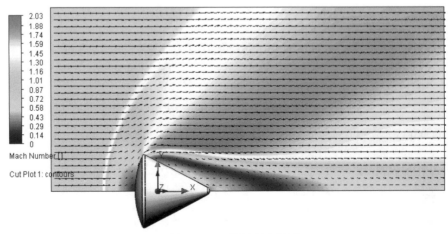

⊙ 圖 14-4 馬赫數截面繪圖

14.3.2　震波

在前面提到過，當流動屬性由於擾動的存在而發生強烈變化時就會出現震波。可以看到，在這個例子中出現的震波包含兩個部分。第一，在垂直於流動的方向存在一個弓形震波，弓形震波的存在會極大地增加物體的阻力。第二，沿著圓錐體的邊界可以看到斜震波的傳播，因為流動是沿邊界行進的。由於超音速流動突然遇到一個凸角，將在斜震波之後進一步加速流動的區域看到稀疏波的擴張扇區（通常稱為 Prandtl-Meyer expansion fan，普朗托－邁耶擴張扇），還會觀察到穿過實體的次音速尾流區，如圖 14-5 所示。

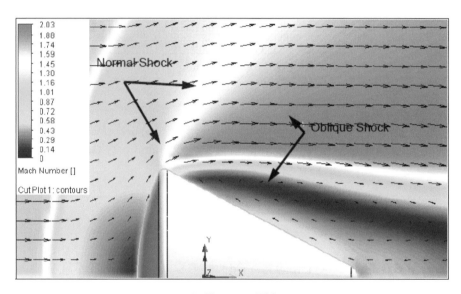

◉ 圖 14-5　震波

> **STEP** ▶ **11**　查看網格的截面繪圖

按滑鼠右鍵點選截面繪圖 1 並選擇 **Edit Definition**。

在 **Display** 底下，點選 **Mesh**，不要選擇 **Contours** 和 **Vectors**。

點選 **OK**，如圖 14-6 所示。

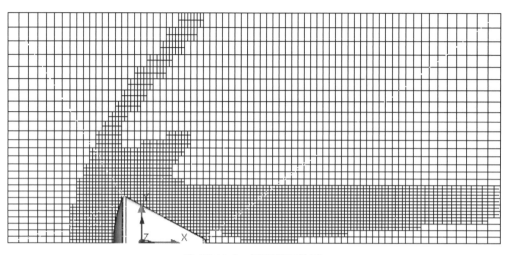

◆ 圖 14-6　網格截面繪圖

STEP 12 產生目標圖

在 Flow Simulation 分析樹中，按滑鼠右鍵點選 Results 下的 **Goal Plots**，然後選擇 **Insert**。

在 **Goals** 視窗中，點選 **All**。

點選 **Export to Excel**。

力的 X 分量 **GG Force (X)1** 和阻力（Cd）的方程式目標都將顯示在其中，如圖 14-7 所示。

B	C	D	E	F	G	H	I	J	K
cone.SLDPRT [000 dg [Default]]									
Goal Name	Unit	Value	Averaged Value	Minimum Value	Maximum Value	Progress [%]	Use In Convergence	Delta	Criteria
GG Force (X)1	[N]	600.63307	600.9496993	600.6330379	601.9208602	100	Yes	1.2878223	15.192218
Cd	[]	1.4934048	1.494192063	1.493404721	1.496606742	100	Yes	0.003202	0.0377737
Iterations [ ]: 2660									
Analysis interval: 705									

◆ 圖 14-7　插入目標圖到 Excel

14.4 討論

在本章中使用了圓錐體架構來設計一種飛行器,該飛行器必須能夠承受重返地球大氣層的惡劣條件。然而也必須讓使用者知道,該模型並不是真的為了模擬這種情況。因為重返地球大氣層類型的分析需要要求更高馬赫數的流動,通常將其歸為高超音速流動(馬赫數 >5)的範疇。在這類流動中,流動中的流體屬性還將發生進一步的物理變化。SOLIDWORKS Flow Simulation 不具備模擬這些效果的能力。

14.5 總結

本章研究了透過圓錐體的超音速流動,使用了對稱的條件來簡化分析。此外,還使用了自動網格細化技術來確保高品質的結果,模擬的結果中捕捉到了正震波和斜震波,最後還使用了截面繪圖進行結果分析。

NOTE

15

FEA 負載傳遞

 順利完成本章課程後，您將學會：

- 傳遞流動結果到 SOLIDWORKS Simulation 中進行有限元素分析

- 使用 SOLIDWORKS Flow Simulation 的結果作為輸入的邊界條件來建立一個SOLIDWORKS Simulation 專案

- 在 SOLIDWORKS Simulation 中查看結果

15.1 案例分析：廣告刊板

在本章中，將演示如何將 SOLIDWORKS Flow Simulation 的數據傳遞到 SOLIDWORKS Simulation 中進行有限元素靜態分析。首先建立並運算一次流體模擬，然後將其結果作為 SOLIDWORKS Simulation 的負載邊界條件。

15.2 專案描述

圖 15-1 所示的廣告刊板承受大風的風力為 40m/s，使用 Flow Simulation 求得迎風面的作用力，將計算所得結果輸出到 SOLIDWORKS Simulation 中，計算模型的最大應力。

● 圖 15-1 廣告刊板

操作步驟

STEP 1 開啟組合件

從 Lesson15\Case Study 資料夾中開啟檔案 "Billboard"，確認當前使用的模型組態為 Default。

STEP 2 新建專案

使用 **Wizard**，按照表 15-1 的設定新建一個專案。

表 15-1　專案設定

Configuration name	使用當前："Default"
Project name	"Billboard"
Unit system	SI(m-kg-s)
Analysis Type	External，並勾選 **Exclude cavities without flow conditions**
Database of Fluid	Air
Wall conditions	預設值
Initial conditions	設定 **Velocity in the X-direction** 為 -40m/s（使用負數是因為座標系統的方向相對於模型而定），點選 **Finish**

STEP 3　初始整體網格設定

保持 **Level of Initial Mesh** 為 3，設定 **Minimum Gap Size** 為 0.3m，設定 **Minimum Wall Thickness** 為 0.05m。

STEP 4　設定計算域

選擇 **Size and Conditions** 頁籤並輸入表 15-2 的數值。

表 15-2　設定計算域

Size	meters
X_{max}	30.5
X_{min}	-30.5
Y_{max}	26
Y_{min}	0
Z_{max}	30.5
Z_{min}	-24

STEP 5 產生表面目標

對所選面採用 **Force (X)** 和 **Use for Conv.**，
插入一個 **Surface Goal**，如圖 15-2 所示。

◉ 圖 15-2　產生表面目標

STEP 6 執行專案

STEP 7 產生速度截面繪圖

使用流體的 **Vectors** 和 **Contours** 產生一張 **Velocity** 的截面繪圖。選用 Front Plane
並將偏移值設定為 6m，如圖 15-3 所示。

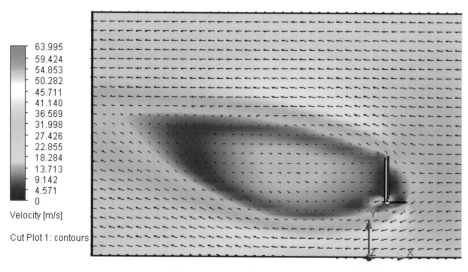

◉ 圖 15-3　速度截面繪圖

STEP 8 查看表面目標

使用表面目標查看表面上的力。

STEP 9 將結果導出到 Simulation

從 **Flow Simulation** 功能表中，選擇 **Tools → Export Results to Simulation**。

STEP 10 定義一個 **SOLIDWORKS Simulation** 專案

從 **Simulation** 功能表中，選擇**新研究**，將專案的名稱命名為 Wind effects，如圖 15-4 所示。

在 **Type** 選項視窗中，選擇 **Static**。

點選 **OK**。

在 FeatureManager 的底端將出現 Simulation 分析樹。

◉ 圖 15-4　定義專案

> **提示**　在定義 SOLIDWORS Simulation 研究之前，需要將 SOLIDWORKS Simulation 模組附加進來。

STEP 11 應用材料屬性

在 Simulation 分析樹中按滑鼠右鍵點選零件項目，選擇**套用材料至所有**。

在鋁合金目錄下方選擇 2024 合金。點選**套用**。點選**關閉**，退出該窗口。

STEP 12 從 **SOLIDWORKS Flow Simulation** 輸入負載

在 Simulation 分析樹中按滑鼠右鍵點選 Wind effects 專案，選擇**屬性**。

點選**流動 / 熱效應**頁籤，在**流體壓力**選項視窗中，勾選**包括 SOLIDWORKS Flow Simulation** 中的流體壓力效應核選框，如圖 15-5 所示。

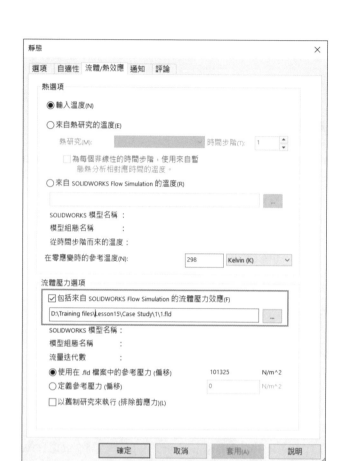

● 圖 15-5　輸入負載

　　點選右側的 "…" 按鈕，選擇 SOLIDWORKS Flow Simulation 的結果檔案，點選開啟。確認**使用在 .fld 檔案中的參考壓力（偏移）101325N/m²** 在核選狀態。

> **提示**　參考壓力可以透過 Flow Simulation 獲得，它的數值一般等於大氣壓力 101325Pa。使用**使用在 .fld 檔案中的參考壓力（偏移）101325N/m²** 選項可以使用不同的數值。

　　點選**確定**。

STEP **13** 建立固定約束

在 Simulation 分析樹中按滑鼠右鍵點選"固定物",選擇**固定幾何**。選擇廣告刊板基座的底面,新增一個**固定幾何**的限制條件,如圖 15-6 所示。

點選 **OK**。

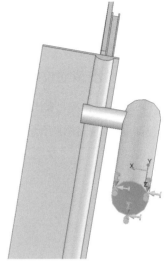

◉ 圖 15-6　建立固定約束

STEP **14** 產生網格

在 Simulation 分析樹中按滑鼠右鍵點選網格並選擇**產生網格**。使用預設的網格設定並點選 **OK**。

STEP **15** 執行分析

在 Simulation 分析樹中按滑鼠右鍵點選 Wind effects 並選擇**執行**。

STEP **16** 查看應力圖

為了查看結果,請展開結果資料夾並點兩下**應力 1**,應力圖如圖 15-7 所示。

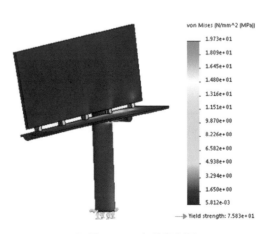

◉ 圖 15-7　查看應力圖

STEP▶ 17 查看動畫

按滑鼠右鍵點選應力 1 並選擇**產生動畫**，點選播放查看模型的動畫顯示。完成後點選 **OK**。

STEP▶ 18 查看位移圖

為了查看模型的位移，在結果資料夾下點兩下 位移 1，如圖 15-8 所示。

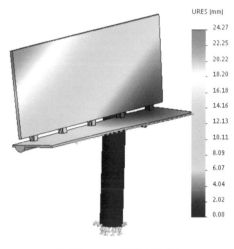

◉ 圖 15-8　查看位移圖

15.3 總結

在本章中使用了 Flow Simulation 來求解一個廣告刊板在風力作用下的壓力分佈，之後在 SOLIDWORKS Simulation 中使用這個壓力分佈執行了一次靜態分析，研究其結構強度。Flow Simulation 提供了一個功能，能夠將其結果（壓力、溫度、對流）輸出到 SOLIDWORKS Simulation 以用於靜態分析。現在，使用者能夠對模型進一步評估了。